能源云技术原理与应用

胡松涛　韩　崇　李阳盈　著

中国建筑工业出版社

图书在版编目（CIP）数据

能源云技术原理与应用/胡松涛，韩崇，李阳盈著 .— 北京：
中国建筑工业出版社，2020.8
ISBN 978-7-112-25141-4

Ⅰ.①能… Ⅱ.①胡… ②韩… ③李… Ⅲ.①云计算—应
用—能源—技术 Ⅳ.① TK01-39

中国版本图书馆 CIP 数据核字（2020）第 084817 号

本书以现有能源互联的应用模式为起点，分析现有互联的形式，在经济性、节能性、灵活性、安全性四个方面总结其内在的规律，提出了以多能互补、经济节能、可再生能源利用为核心的能源云技术，并建立能源云构架，分析能源的信息属性、热力属性、价值属性，在生产、利用、价值实现上发掘能源更深层次的互联互通规律，更好地把握能源未来发展道路。结合具体案例，通过实践证明，与传统方式相比，能源云规划在年运行费用上可以节省近 35%，同时静态折旧费（10 年）每年低 6%，具有良好的节能性与能效性。

责任编辑：毕凤鸣　齐庆梅
责任校对：焦　乐

能源云技术原理与应用

胡松涛　韩　崇　李阳盈　著

*

中国建筑工业出版社出版、发行（北京海淀三里河路 9 号）
各地新华书店、建筑书店经销
北京点击世代文化传媒有限公司制版
北京京华铭诚工贸有限公司印刷

*

开本：880×1230 毫米　1/32　印张：3⅞　字数：111 千字
2020 年 9 月第一版　2020 年 9 月第一次印刷
定价：**49.00 元**
ISBN 978-7-112-25141-4
（35915）

序

胡松涛教授的团队选定了能源、云技术两项重要的科技重点，经过多年潜心研究，编撰了本书。学习下来，很感内容充实，有深度，有学术水平。作大学专业教材；作工程设计参考；作研究工作者的引领；作管理者决策的技术支持；作企业家选择发展的指南都是重要献礼！

在科研和成书的年份中，全球经历了巨大的疫情，又增加了针对性的内容，更应赞赏团队的社会责任心和优良的工作作风。

近几年的国际局势、政治关系、经贸约制等因素与世界能源的地位变动密切关联。我一贯认为世界能源是不会短缺的，因为新能源会随科技进步而不断成熟，节能用品不断普及，这两点相向发展，世界能源怎会短缺呢！本书也从研究成果支持着这个逻辑，也是我欣赏之处。

能源云技术的原理与应用最终主要是落实在建筑物和建筑群方面。这个方面的主要参与工作者可归结为产、学、研、用、管、宣几大方面。但这正是我国欠账多、不认真、少传统、缺制度的软肋。

提升国民科技素养，普及群众科普知识，复兴民族大业，已时不我待，成为逼迫知识界的使命。祝愿本书在这方面能发挥重要作用。

吴德绳

2020 年 7 月

前言

随着社会与经济的不断发展,可再生能源与传统能源的综合利用愈加重要。当今社会,传统能源的弊端日益展现,传统模式下的能源结构、消费方式、应用转化等已经不足以支撑人类社会的发展。风能、太阳能、海洋能等可再生能源,因其经济环保、低耗高效的特征,将逐渐成为人类社会未来能源发展的重要方向。

能源云技术借鉴大数据云计算的思想,将云的思想和概念应用到能源领域,此前,能源互联网更加注重智能电网,对热网互联的概念并没有明确提出。能源云技术是在能源互联网的基础上,根据电网、热网、燃气网的特点,更加专注热能的技术属性,强调经济节能、总体减少能源输入、充分利用可再生能源。能源云技术的功能是将碎片化的各品位、各种类的能源整合成统一互补的能源综合利用体系。在尽最大可能减少环境代价的条件下,提供最廉价、合理、便捷的能源。以可再生能源应用为核心,以高品位能源(如电、蓄冷)为驱动力,多种能源互补的能源云技术构架,将会是未来能源应用的新趋势。

本书建立了一套属于能源云技术的应用模型,从原理与实践上均证实了能源云技术的可行性与适用性,能源云技术的思想将会引领未来能源发展的方向。本书对能源属性与系统特性进行了分析,提出了能源系统经济性粒子群优化配置模型,采用多属性决策法进行理论化分析,计算出组合权重,建立综合能源评价模型,经综合分析后，选取最优系统容量配置方案。依据能源云技术理论建立能源系统运行优化控制框架，提出能源系统的运行优化流程，研究能源系统中包括可再生能源设备、三联供设备、蓄能装置等核心设备的数学模型及需求侧的负荷特性，为单区域、多区域能源系统运行优化奠定基础。本书最后提出了多能互补系统可靠性评价方法，该方法适用于对各种区域能源系统进行可靠性评价。本书为多能互补工程在能源方案规划与运行策略制定提供参考，具有一定的实用价值。

目录

第1章 可再生能源利用的发展现状及趋势

1.1 引言

纵观国内外能源应用与发展，可再生能源的利用均受到格外的关注。如今针对可再生能源的研究，已不再是资源如何利用的阶段，而是处于追求经济、高效、环保、可持续的能源更好利用阶段。随着技术的进步，可再生能源应用技术已不再是"纸上谈兵"，高投资已逐渐不再与可再生能源技术画等号，经济高效的可再生能源已经进入了发展利用的"快车道"。

随着可再生能源的发展，基于可再生能源的应用日益广泛，但在其应用的过程中也存在着不可忽视的问题，即单一的可再生能源系统往往不能满足用户的用能需求，系统投资成本高，投资回收期长，较大地影响了可再生能源系统的使用；与此同时，可再生能源转换输配成本高、开采需高品位能源（如电、燃气、蒸汽等）输入等特点，也制约了可再生能源的大量使用，而在实际工程中，可再生能源常作为备用、调峰冷热源。

基于以上问题，如何合理匹配可再生能源与传统能源，是未来能源发展的重要突破方向之一。社会对能源的末端需求，很大一部分是冷或热的需求，以建筑行业为例，暖通耗能量在建筑总耗能量中占 50%上 [1]，虽需求量大，但是对能源的品位要求较低，采用可再生能源可满足大部分需求。高品位能源传输方便、利用简单，能源品位高，但其较为昂贵的成本，与其经常跟能源品位不相符的利用方式，往往造成了大量的能源浪费。而可再生能源大多是低品位能源，生产成本低，可以满足需求侧就地利用，但其开采应用离不开高品位能源的输入。

综上所述，在可再生能源的利用过程中，高品位能源必不可少；在能源结构转型的过程中，低品位能源的使用比例势必上升。两者相辅相成，做到互联互通互补，才能发挥出能源最大的潜力。高、低品位能源的融合，形成统一的能源网，是未来能源应用发展的大势所趋。针对传统能源与可再生能源的现状，若能对各类能源统筹利用，可以产生 1+1>2 的效应。以可再生能源应用为核心，多种能源互补的能源新构架，将会是未来能源应用的新趋势。

1.2　我国能源应用现状

当今社会，传统能源的弊端日益显现，传统模式下的能源结构、消费方式、应用转化等已经不足以支撑人类社会的发展。以风能、太阳能、海洋能等为代表的可再生能源，由于其经济环保、低耗高效的特征，将逐渐成为人类社会未来能源发展的重要领域。

我国能源资源种类多、分布广，其中煤炭可采存储量居世界第三位，水力资源约为世界水利资源量的 12%，位居世界第一[2]。我国是资源大国，但人均资源占有量远低于世界平均水平[3]。对传统能源依赖严重、清洁能源利用效率较低是现阶段能源发展需要面对的重要问题。

我国是全球最大的能源消费国，但人均能源消费量也远低于世界平均水平。无论是能源的生产、使用、消费，还是能源的开发、供给、需求，现阶段的能源利用方式在我国均有着很大的提升空间。以我国北方供暖为例，燃煤供暖占 83%，天然气、生物质、电力等能源占 17%，每年消耗至少 4 亿吨标准煤（tce），仅 20% 的农村地区供暖采取了节能措施，城镇为 50%[4]。由此可见，能源结构不合理、热力供需不平衡、多种能源形式没有统筹规划是我国目前急需解决的难题，找到能源合理的利用方式极为关键。

我国能源的生产及消费呈现出"富煤、缺油、少气"的现状，弃光、弃风、弃水的现象严重,出现了"新型能源短缺"的结构特征。在传统能源转型的过程中[5],大量依附于传统能源的产业不能一蹴而就,而应是在传统能源的基础上,找到一种新型的能源利用方式[6],尤其是此次"新型冠状病毒"疫情的爆发,显示出的能源使用与可再生能源的分散化,都要求做好可再生能源与传统能源的互补利用,通过能源结构的渐变式优化,而不是突变,提高能源利用率。在煤炭利用方面,已有的经验显示:若煤炭在社会总能耗中的比例小于35%,雾霾污染将根本性好转,而低于20%时,环境质量将大幅度提高。减少化石能源,尽可能用好化石能源,是能源发展的关键。

国家《能源发展战略行动计划2014-2020》指出,现阶段的能源利用要做到"节约、清洁、安全","节能优先、绿色低碳、立足国内、创新驱动"是能源发展的目标[7],新能源的开发与利用是未来重点的研究方向。可再生能源,如风能、太阳能、海洋能、地热能等,都具有极佳的开发利用价值,高效环保,自然节能,相应的新能源利用技术,如地源热泵、海水源热泵、太阳能发电等也日益成熟。据国际能源署预测,到2030年,全球清洁能源消费将会占全球能源总消费的30%,可再生能源将是下一个能源增长点。

但是可再生能源本身具有能源密度小、不稳定、开采效率低、初投资高、分布不均匀的特点,不同区域的能源应用程度不同、资源分布不同、收费价格不同,不能单纯地一概而论;同时,我国作为传统能源消费大国,采用对传统能源进行一刀切的禁止方式,不仅会导致供需不足,还会对电力、热力等系统造成不良影响。

因此,针对我国能源现状,分析传统能源与可再生能源的发展趋势,对能源属性做深入的研究,结合计算机云技术,类比互联网发展规律,实现各类能源的统筹规划、高效利用及多能互补,相关技术研究形成新的能源应用平台,将有效促进可再生能源的综合利用。

1.3 国内外可再生能源应用现状

近年来，全球可再生能源利用技术发展迅速，世界各国对可再生能源的重视程度日益上升，在应用方面，虽然欧美等发达国家仍旧占据世界前列，但是巴西、中国等发展中国家在可再生能源利用方面取得了巨大进展[8]，具有不可估量的发展前景。

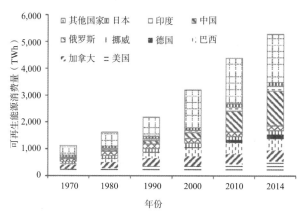

图 1.1 世界可再生能源发展的区域分布

来源：可再生能源系统风险评估方法及其应用研究[8]

从图中可以看出，发展中国家可再生能源消耗量逐渐位居世界前列，中国在 2014 年已然跃居可再生能源消耗第一。虽然中国有着良好的可再生能源发展前景，但从图 1.1 可知，欧美国家在 21 世纪前就已经是可再生能源消费大国[8]，具有成熟的可再生能源技术，在应用及技术上，欧美国家的发展极具参考价值。

纵观国外可再生能源发展，欧美各国的发展经验对中国能源发展有着极大的启示。丹麦从原本高度依赖传统能源的国家[9]，到计划在 2050 年 100% 实现可再生能源供能，彻底摆脱化石燃料，其主要依靠太阳能跨季节蓄能、风力发电技术等实现可再生能源的大量使用，再加上生物质、太阳能、风能、海洋能等自然资源的利用[10]，有效降低对煤炭的依赖，使得其能源结构成功转型。

瑞典与丹麦相似，均有着丰富的可再生资源。瑞典以可再生能源应用为基础，做到了其60%的地区都是生物质能源供能[11]，煤炭、燃油消耗等传统化石能源仅占2%，PM2.5的年平均浓度都在20以下，可再生能源的利用给瑞典带来了良好的环境，也进一步提升了国家整体的能源利用率，做到了经济节能、绿色环保。

爱尔兰则大力发展生物质、太阳能、风能等可再生资源，计划到2020年可再生能源使用要占到总能源消耗的16%[12]。通过开发利用可再生能源，不仅丰富了爱尔兰的能源消费结构，进一步降低了对传统能源的依赖，也在经济发展模式上找到了新的突破口。

早在20世纪90年代，美国就采取了可再生能源配额制[12]，企业等购电时需要强制购买一定比例的可再生能源电力，此举不仅降低了企业的用电运营成本，还促进了国家可再生能源发展，成功推广后，被澳大利亚等国家所借鉴利用。

在欧盟各国广泛的研究、应用与推广下，风电已经成为较为主要的可再生能源发电方式之一[13]。丹麦的风力发电量占全国电力发电总量的24%，葡萄牙、西班牙、德国等国家分别占14.8%、14.4%与9.4%。综上所述，由于可再生资源的充分利用，欧美各国在减排、耗能、海水资源开发利用方面有着较大优势，成熟的技术与先进的理念都值得参考。

我国在可再生能源利用方面，具有"资源多、前景广"的巨大优势，我国西部地区地热资源、风力资源、太阳能资源丰富，在东部沿海地区，海洋资源、潮汐资源等均有着巨大的开发潜力与价值。李俊峰等从法律法规、价格、投资、税收、金融、进出口、产业化等各方面，对我国可再生能源政策进行分析[14]；张粒子等针对我国可再生能源发电进行分析论证，提出相关的鼓励政策与研究[15]；孙永明针对国内生物质能源的利用现状进行分析与展望，并认为生物质能源将会是国内可再生能源发展的重点[16]。陈雷从风力发电的角度，对风电的稳定性、可行性、适用性等方面进行论证，指出风力发电在我国发展的前景良好[17]。

由此可见，无论国内还是国外，可再生能源的应用与发展已经是各国重点研究的内容。可再生能源的应用作为能源应用的核心，将会是未来能源应用的新趋势。

1.4　能源互联网的提出与发展

对于能源发展而言，信息技术的发展极具参考价值。美国知名学者里夫金（Jeremy Rifkin）在研究了人类社会发展的基础上，类比互联网的发展，在《第三次工业革命》[18] 一书中，首次提出了能源互联网的概念。里夫金指出，能源的发展总是伴随着信息技术的发展，信息与能源的进一步结合，将是能源发展的下一个趋势。

清华大学曾嵘教授团队，对能源互联网的发展做出了详细的描述 [19]，指出能源互联网具有三个层级：物理基础（多能互联能源网络）、实现手段（信息物理能源系统）、价值实现（创新模式能源运营），这三者共同组成了能源物联网。曾嵘教授在文中明确了能源互联网的形态、特征，提出了能源互联网的发展展望，使能源互联网具有了可操作性。曾嵘教授描述的能源互联网，进一步完善了能源互联网的规范，能源局域网、能源监管、多能互补协调等的提出，让能源互联网的内容更加丰富。

清华大学的高峰等提出了能源互联网发展需要的关键技术 [19]：生产、传输、消费、储存（图1.2）。并指出，能源转换技术是能源融合的核心，包括生产段转换（如水转氢气）、用户侧转换（氢气转热能）。能源传输包括智能电网、智能水网、智能气网等。能源存储为分布式能源提供支持。能源消费包括电动汽车技术、港口岸电技术等。

图1.2　能源的生产、传输、消费、储存

上海交通大学王承民等对蓄能技术进行了详细的概括[20]，指出蓄能技术在电网中具有优化区域能源结构、稳定系统中的电力波动、微网电力调节、提升系统经济性等重要作用，从大型电网到用户侧应用，蓄电技术惠及电力方方面面，也对蓄能技术在大型热网中的作用提供相应的参考。

中国农业大学尹晨晖、杨德昌等总结了能源互联网的理念、融合方式、基本架构[21]，结合德国能源互联网的典型示范工程，从国家政策、示范工程、物理架构、信息模型、技术和体系六个层面，对比分析我国能源互联网发展，提出能源互联网建设的核心是高效利用可再生能源。

中国电力科学研究院刘世成、张东霞等综述了国内外能源互联网大数据技术研究和实践成果[22]，阐述了大数据基本概念与特征及其在能源互联网中的重要性，进一步分别从技术层面和管理层面总结了能源互联网中大数据应用所面临的挑战。

青岛理工大学胡松涛教授等类比了互联网的发展、交通运输网的发展，提出能源互联网的发展规律与技术路线[23]，归纳了能源互联网的四个原则：各尽所能、互联互补、经济智能、宏微并存。

国内外学者对能源互联网的深入研究，逐步形成了能源互联网整体的框架，对今后能源互联网的发展有着重要的指导作用。

1.5 本书主要内容

本书以可再生能源应用现状与规划的研究作为出发点，从属性探究、发展路径、应用模式三个方面进行分析，在原有能源互联网模式的基础上，总结、创新并提炼出能源云技术原理与应用，技术路线如图1.3所示。主要内容如下。

（1）在能源属性方面，从能源热力属性、信息属性、价值属性上，在能源与信息的结合、能源与热力的利用、能源与价值的实现三方面，分析了能源内在的特性及其相互关系，其延伸出的信息网、交易网、能源网将会是未来能源发展的重要基础[24]，三网互联，互利互惠,从而实现能源的区域协调、供应的自下而上、三网的多源互补。

（2）在能源结构方面,基于化石能源与可再生能源的利用,在现有能源互联案例的基础上,对能源的互联优势进行了分析,总结现有能源发展趋势,结合能源互联网,提出能源云技术,建立能源云多源互补结构模型[25],倡导能源的多能互补、经济节能,减少对传统能源依赖,改善能源结构,做到对可再生能源充分利用。

（3）能源云技术的应用方面,侧重系统的源端选择（区域能源规划）,选用粒子群择优模型对系统最优容量进行优化,采用多属性决策模型对系统经济性、环保性、能效性等进行判别;在节能运行调节方面,采用系统判断调节方式,针对不同时刻、不同负荷下的用户需求做到自动选择,分别从单区域、多区域两种能源系统类型出发,建立运行优化数学模型,针对单区域以经济性为优化目标为例采用线性规划方法、针对多区域采用两阶段多目标优化方法确定最优运行协调方案,最终在能源规划上使得源端、终端、用户端三者协调统一。

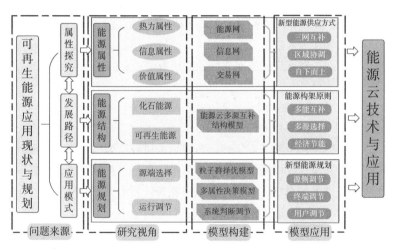

图1.3　本书技术路线图

参考文献

[1] 国家可再生能源中心 . 中国可再生能源展望 2017[R]，2017.

[2] 王庆一 . 中国能源现状与前景 [J]. 中国煤炭，2005，31（2）：22-27.

[3] 周辉，林海燕 . 北方供暖地区既有居住建筑节能改造技术支撑 [J]. 暖通空调，2007，37（9）：8-13.

[4] 史丹，张金隆 . 产业结构变动对能源消费的影响 [J]. 经济理论与经济管理，2003，V（8）：30-32.

[5] 刘助仁 . 新能源：缓解能源短缺和环境污染的希望 [J]. 国际技术经济研究，2007，10（4）：22-26.

[6] 国务院办公厅 . 能源发展战略行动计划（2014-2020 年）（摘录）[J]. 上海节能，2014，（12）：1-2.

[7] 冯庆东 . 能源互联网与智慧能源 [M]. 北京：机械工业出版社，2015.

[8] 王兵 . 可再生能源系统风险评估方法及其应用研究 [D]. 北京：北京理工大学，2016.

[9] 董小君 . 低碳经济的丹麦模式及其启示 [J]. 国家行政学院学报，2010，（3）：119-123.

[10] 林伟刚，宋文立 . 丹麦生物质发电的现状和研究发展趋势 [J]. 燃料化学学报，2005，6（6）：650-655.

[11] 段黎萍 . 瑞典能源模式解析 [J]. 节能技术，2009，27（6）：506-509.

[12] 宋昭峥，丁宏霞，孙贵利，等 . 国外可再生能源发展现状与展望 [J]. 现代化工，2007，27（5）：61-64.

[13] EU Commission. Communication from the commission to the European parliament, the council, the European economic and social committee and the committee of the regions. In：An EU strategy on heating and cooling. russels：COM；2016. https：//doi.org/10.1017/CBO9781107415324.004.

[14] 李俊峰，时璟丽 . 国内外可再生能源政策综述与进一步促进我国可再生能源发展的建议 [J]. 可再生能源，2006，（1）：1-6.

[15] 张粒子，李才华，罗鑫 . 促进我国可再生能源电力发展的政策框架研究 [J]. 中国电力，2006，39（4）：86-90.

[16] 孙永明，袁振宏，孙振钧 . 中国生物质能源与生物质利用现状与展望 [J]. 可再生能源，2006，（2）: 78-82.

[17] 陈雷，邢作霞，潘建，等 . 大型风力发电机组技术发展趋势 [J]. 可再生能源，2003，（1）: 27-30.

[18] Rifkin J.The third industrial revolution[J]. Engineering and Technology，2012, 6（1）: 8-11.

[19] 能源互联网研究课题组 . 能源互联网发展研究 [M]. 北京 : 清华大学出版社，2017.

[20] 王承民，孙伟卿，衣涛，等 . 智能电网中储能技术应用规划及其效益评估方法综述 [J]. 中国电机工程学报，2013，33（7）: 33-41.

[21] 尹晨晖，杨德昌，耿光飞，等 . 德国能源互联网项目总结及其对我国的启示 [J]. 电网技术，2015，39（11）: 3040-3049.

[22] 刘世成，张东霞，朱朝阳，等 . 能源互联网中大数据技术思考 [J]. 电力系统自动化，2016，40（8）: 14-21.

[23] 胡松涛，刘龙，张恬，等 . 能源互联网发展的技术路线图 [J]. 暖通空调，2017，47（3）: 57-62.

[24] 李立涅，张勇军，陈泽兴，等 . 智能电网与能源网融合的模式及其发展前景 [J]. 电力系统自动化，2016，40（11）: 1-9.

[25] Hu S T，Wang H Y，Han C. Research of energy cloud technology based on application of renewable energy resources[C].HULL SYMPOSIUMS 2018.

第2章 能源云技术架构及其能源属性

2.1 从能源互联的发展到能源云技术提出

2.1.1 现有能源互联的使用特性

实际上，现有能源利用系统中，多源互补已成为较为普遍的技术。多种可再生能源之间的"光合作用"，产生 1+1>2 的化学反应。在现有的能源系统上，多能互补方案已成为系统设计的首选。如图 2.1 所示，是一个利用低谷电压驱动风冷热泵供热供冷的简单系统,电力等高品位能源驱动空气低品位热源，做到电能与热能的融合。电网、蓄能与热网的互联，通过低谷电驱动风冷热泵，配合蓄能做到"移峰填谷""夜产日用"，做到电网、热网的有效利用与互补。

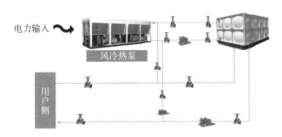

图 2.1 电网、蓄能与热网的互联

再如图 2.2 所示，太阳能、电能等高品位能源通过热泵系统转化为热能，实现电网与热网互联，同时利用土壤、太阳能两种可再生能源，做到多种可再生能源之间的互联互补，满足用户侧需求，增加了系统的安全可靠性，同时降低对土壤取热的依赖[1]，缓解连续取热过程中土壤温度的波动变化。

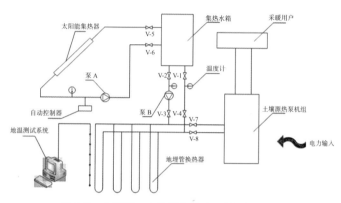

图 2.2　太阳能－土壤源热泵跨季节蓄能系统

　　而在图 2.3 中的海水 - 污水源热泵综合供热供冷系统中，电网、中低焓海洋能、污水能、热网互联互通，海水源热泵以海水作为低品位冷热源，建筑室外的气温对海水的温度影响存在一定的延时，这种延时对于海水源热泵的利用具有很好的优势。在夏季，海水作为冷却水使用，替代常规冷却塔的作用[2]。由于夏季的海水温度要比空气温度低很多，可以明显降低热泵机组的冷凝温度，从而大大提高热泵系统的 *COP* 值[3]。

　　从以上三个案例中可以看出，可再生能源与传统能源的互联互补，存在以下几方面的优势[4]。

　　（1）经济性。与传统能源相比，可再生能源在利用方式上较为灵活，生产成本更低，耗能需求小，热泵技术与蓄能技术的应用，大幅度降低了能源的使用成本，同时等价于提升了系统运行效率。以热泵技术为例，热泵消耗一部分电能，可提供相应电能 3 ~ 6 倍以上的热量[5]（或冷量），在热泵技术的帮助下，可再生能源利用价值与利用率大幅度提升。高品位能源如电能用于远距离输送，低品位能源就地转化，做到可再生能源的一次能源与二次能源的有机

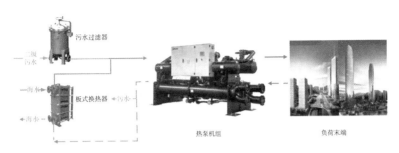

污水过滤器

二级
污水

一海水

一冷水

板式换热器 污水

热泵机组

负荷末端

图2.3 海水－污水双源热泵系统原理图

结合。采用可再生能源，实现供热供冷的经济性、低污染，甚至零污染。而蓄能技术可以做到跨区域、跨季节、跨时间、跨种类的能源利用，根据所在区域的条件与需求，合理地进行蓄能，作为能源的缓冲区、调配区与转化区，蓄能技术最终做到的是能源利用与能源价值的协调统一，用更低的代价，获得更高效的能源利用。

（2）节能性。由于可再生能源的使用，较常规能源相比，往往能够节约30%~60%。使用可再生能源系统满足冷热负荷，做到合理的运行调节与能源匹配，在负荷高峰期做到能源互补，降低传统能源的使用，同时作为备用能源与存储手段，在应对突发情况时可以有效利用。在原有自上而下的能源供应方式中，传统能源往往存在供过于求与供不应求的情况，在后期调配运输的过程中，存在远距离输配的能源耗散。可再生能源就地使用，可以有效地降低输配能耗，做到能源节能、经济节省、资源节约。

（3）灵活性。相比于集中式的传统能源供应，可再生能源就地供应存在良好的灵活性，做到"天时地利人和"。"天时"指的是可再生能源利用上可以灵活应对气候的影响，例如空气源热泵在室外温度过低或者过高时，制热制冷能效下降，而土壤、海水等资源因为温度延迟效应及稳定性，制热制冷效率比空气源要高。因而结合土壤源、海水源等可再生能源，辅助空气源热泵，会达到更为理想的效果；"地利"指的是可再生能源利用上可以灵活应对地域需求的变化，例如海水丰富的地区，适用海水源热泵，而风能丰富的地区，则可以采用风力发电系统，做到因地制宜；"人和"指的是可再生能源利用上可以灵活应对价格政策的改变，例如蓄能技术既可以起到低价值能源的存储功能，又可以在能源高峰或者电价高峰时段进行调峰；在避免能源浪费的同时，可以减少能源的使用费用，经验表明采用蓄能装置能节省至少 15% 运行费用[6]；多种能源互联互通下，对可再生能源进行更充分利用，在分析它们的利用方式、利用效率的基础上，在不同的时间，选择兼顾供热供冷效果与经济性最优的方案，达到提供更经济的能源，可以做到大幅度减少园区一级的总体能源输入的目标。

（4）安全性。在大型能源站中，备用热源必不可少。多源互联互补的情况下，可以有效避免某种能源的突发供应短缺或者机组应急事故带来的不可靠性，做到各种能源随时调配，降低系统运行风险与维护成本，同时减少所需的备用热源，做到安全可靠、经济稳定。

综上所述，多种能源互联互补，在得到广泛的应用与认同的同时，在经济性、节能性、灵活性、安全性四个方面，有着不可比拟的优势。随着互联网技术的发展，能源互联网将成为必然趋势，其将在尽最大可能减少环境代价的条件下，提供最廉价、合理、便捷的能源。

2.1.2　能源云技术理论

里夫金认为，互联网技术应与可再生能源相融合，将全球电力网变成能源共享网络，分散型可再生能源可以跨国自由流动，每个自行发电者都是整个陆地没有界限的绿色电力网络中的节点。如图 2.4 所示，能源将以可再生能源为主，结合互联网技术，使得能源信息快速传递。

里夫金能源互联网的观点是利用互联网技术实现广域内电源、储能设备和用电负荷的调节，最终的目的是实现集中式化石能源向分布式可再生能源利用的转变。在充分利用互联网功能的基础上，将一切可利用的能源以更低廉的价格、更方便的渠道、更节能的方式，实现资源共享。

	古代	18世纪中叶	19世纪以后	20世纪以来
能源利用方式的转变	钻木取火	蒸汽机	发电机	可再生能源
信息传递方式的转变	人拉马扛	火车 轮船	电报 电话	无线通信 互联网
能源与信息结合的产物	能源直接利用	第一次工业革命	第二次工业革命	第三次工业革命
能源利用率和信息传递速度	能源以直接利用为主,效率低;信息和能量传递以人拉马扛为主,速度慢	能源以间接利用为主,效率较低;信息和能量传递以机械能传递为主,速度较慢	能源以电能利用为主,效率偏低;信息可以实现点对点微量传递,速度较快;能量传递速度较快	能源以可再生能源为主,效率较高;信息可以实现点对点可视化大量传递,速度快;能量传递速度快

图 2.4 能源与信息在人类社会中的结合与发展

　　然而里夫金能源互联网更加注重智能电网,对热网互联的概念并没有明确提出,除此之外,里夫金的电网改造、电车应用等措施,更适用于欧美等发达国家。我国电网、热网、燃气网等基础设施结构与欧美发达国家并不相同,在能源结构改造上只具有参考价值,里夫金提出的更多是一种构想,而并非具体的实现手段,实现的手段必须依照我国的实际国情和能源网特点因地制宜。

　　能源互联网建立在智能电网升级的基础上,但社会能源不仅限于电网互联,而应是在"互联网+"思想下电网+多种能源网络的结合[8]。电力资源由于其自身的特质,在能源互联互通方面有着不可比拟的优势，也是能源互联网未来发展的核心 [9]，在电力互联的基础上，辅以热力网与燃气网，做到多种能源网的链接，是能源互联网的最终发展目标。由此，能源云技术是在能源互联网的基础上，根据热网、燃气网的特点，更加专注热能的技术属性，更加注重电力与热网、气网的互联互通互补，强调经济节能、总体减少区域级能源输入、充分利用可再生能源。

热网与信息技术的结合，是能源互联网中不可或缺的一部分，人类对能源的需求，很大一部分是热或冷的需求，暖通空调能耗占建筑总能耗的 50% 左右，占全国能源消费比重的 20.6%[10]。参考能源互联网思维下的热网、燃气网研究，对于可再生能源的利用与热力网络互联 [11]，既有共性又有差别。

可再生能源不仅可以作为一次能源利用，其通过转化后，作为"二次能"具有不可估量的价值。如海洋、地热、太阳能资源，本身就蕴含了大量的能量，作为自然界天然的资源库，虽不能直接加以利用，通过热泵、太阳能蓄热等技术，可再生能源转化为"二次能"所产生的热量，可超过其作为一次能源利用的数量。

在能源互联互通方面，热网、燃气网也具有进一步互联的可能性。电力驱动热泵等能源转化装置，并不是整个能源互联网的最后一步，地源热泵、空气源热泵、海水源热泵等供能系统的协调，能源站之间的能源共享，蓄能技术与系统整体的配合，建筑余热与可再生能源的结合利用，无论是热泵技术、蓄能技术，还是其他能源转化技术，它们在技术层面与应用层面都能形成更进一步的能源网络。

使某个局域网或整个社会能源管理达到最佳状态，从而降低能源的生产和使用成本，是能源云技术诞生的应用背景，能源云技术的功能是将碎片化的各品位、各种类的能源通过互联互通整合集成后构建统一的系统化的互补的能源综合利用体系，多能互补相互关系如图 2.5 所示。

图2.5 多能互联互补相互关系图

2.2 能源云技术理论探究

2.2.1 能源云技术基本构架

量子物理上有"电子云"（electron cloud）的概念，在原子核周围运动的电子是没有规律的，是弥漫空间的、云状的存在，描述电子运动规律的不是牛顿经典力学，而是一个概率分布的密度函数，这跟经典力学的提法完全不同。电子云有概然性、弥漫性、同时性等特性。2006年8月9日，Google首席执行官埃里克·施密特（Eric Schmidt）在搜索引擎大会（SES San Jose 2006）首次提出"云计算"（Cloud Computing）的概念[12]。

能源云技术是借鉴大数据云计算的思想，将云的思想和概念应用到能源领域。利用互联网和现代通信技术对能源的生产、转换、运输、储存、使用等各个环节进行实时监控、预测、分析、整合，并在大数据、云计算的基础上进行实时监测、预测、报告和优化处理，利用因地制宜、因时制宜的能源价值规律制订的能量交易原则，从而达到能源的合理使用，并体现多源互补、经济、绿色、节能、高效、便捷的特点。降低能源的生产和使用成本以及环境代价，是能源云建设和发展的核心目标。能源云技术的目的是统筹社会能源，提高能源的利用效率，在尽最大可能降低环境代价的前提下，降低能源的使用成本，达到可持续发展的目标。其功能是将碎片化的、不同种类与品位的能源（尤其是可再生能源）通过互联互通集成为一个统一的系统化的、互补型的能源综合利用体系。正如互联网商店，其本身并不一定是生产商，能源云体系本身并不一定是能源生产商，却是集成的能源供应商，其互补性包含了时间、地域、种类、品位及价格上的互补。

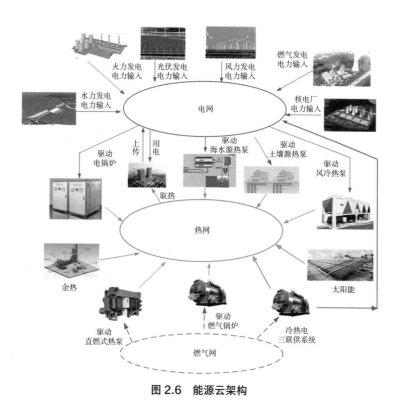

图2.6 能源云架构

如图2.6所示，在能源云构架中，热网、电网、燃气网三网互联，从相互独立变成互联互补，传统能源与可再生能源相互结合，做到能源的充分利用，实现各能源之间各尽所能、互联互补、智能调控、经济节约，使能源结构合理、能源品位对口、能源价格互补、能源转化高效。

2.2.2 能源云中的能源属性

能源信息属性、能源热力属性、能源价值属性是能源互联中重要的三大属性。信息与能源的结合，使得原本较为孤立的两者合二为一，是能源信息管理网建设与发展的基础；在能源信息化的基础上，产生出的新型能源交易方式、能源金融等，给传统的能源价值属性带来崭新的内容。信息网、能源网、物联网三网相辅相成，相互独立的同时，又相互融合与协调，能源云技术下的能源发展，少不了对能源属性的研究与探索。

现阶段，热能的互联存在以下问题：从热力属性来看，一是热能不适宜像电力、燃气一样进行远距离传输，是一种局域性较强的能源；二是自然界虽然存储着丰富的热力资源，但能源品位低，利用难度较高，存在不稳定性；从信息属性来看，在热能传统利用中，往往孤立对待热力资源与信息，没有做到有效的统一；从价值属性来看，热能的交易涉及多种能源，随着信息化的发展，需要探索新的能源交易协议、交易方式等。

所以，针对能源互联中的问题，分析其对应的能源属性及其关系，既能进一步了解能源的特性，又能挖掘能源更深层次的互联互通规律，在信息化的发展趋势下，更好地把握能源未来发展的道路。

（1）能源的信息属性

能源的信息性包括以下三个方面：能源供需信息、能源分布信息、能源管理信息。能源供需信息是对能源生产供应的指导，能源的分布决定了能源生产供应的方式，能源管理信息是能源整体生产供应的管理与调节。

①能源供需信息，不再是传统的区域能源需求累加，而是动态的信息收集与回馈，获取用户侧实时数据，形成区域数据云，针对不同区域的用户习惯与使用时间，制定不同的能源供应方案，满足不同时刻、不同地点的用户需求。在区域信息的基础上，做到局域信息统计，针对城市大致功能区域，做到局域范围内能源的高效供

应，最终收集局域能源需求形成广域能源云，对整体进行能源的合理调配，做到自下而上的需求信息获取，取代原先自上而下的单向的能源供应，是一种"点、线、面"结合的能源信息统计。

②能源分布信息，决定了一个区域的能源利用方式，以往用户侧多为直接与大型热网、大型气网链接，而忽视了用户侧可以利用的清洁能源。能源分布统计，在空间分布上包括清洁能源统计与传统能源统计，清洁能源包括太阳能、潮汐能、海洋能、地热能、地下水等较难利用的自然界可再生资源和城市地下废水、生活污水、工业余热、建筑余热等可以二次利用的余热资源。

在时间分布上，可再生能源自身存在波动性，其具有一定规律，也存在随机性变化，在不同时间往往会产生强度变化、季节性变化、温度变化等，在能源统计与利用上具有一定难度。而蓄能技术则可以有效避免其对多源系统产生的波动影响，稳定系统运行。蓄能技术做到了跨区域、跨季节、跨时间、跨种类的能源利用，根据所在区域的环境资源与需求，针对可再生能源波动特点，合理使用蓄能技术削减其波动影响，稳定系统的同时满足用户侧需求。

收集能源分布信息，对一个区域做到合理有效的能源供应，在传统大型热网、气网、电网的基础上，加入可再生能源，减少对大型传统供热、供电设施的依赖，降低资源浪费，同时降低生产成本与使用费用，做到跨区能源网络与区域能源网络的统一，随时可调可用可取。

③能源管理信息，一方面是协调资源在各个环节的矛盾，在能源生产商、能源供应商、能源消费端三者之间做到平衡，实现能源价值最大化。三者信息的及时双向反馈，避免了以往生产失调、输配不均、用户不满意的问题，在大数据的支持下，由于信息反馈的及时与快捷，降低维修维护成本，同时提升三者之间的匹配；另一方面是管理生产、输配、消费过程中，由于信息不对称造成的价格不实，通过能源价格公开透明，签署合理与公平的能源消费协议，可以避免引入区域能源生产商后的可再生能源垄断。

能源的信息属性，是传统能源利用方式所忽视的。能源云技术重视能源的信息属性，不孤立看待能源与信息，做到能源与信息融合与并行，并通过能源信息反馈，做到能源的规划、监管、协调，最终形成大型云数据，将对整个大型区域的能源开采、生产、输配、消费起到指导作用。

（2）能源的热力属性

热力属性是能源的技术属性，它决定了能源的利用方式，定义了能源的使用范畴，指导能源的发展方向。在热力学三大定律的基础上，能源云技术中的热力属性，包括能源品位与能源利用方式，其产生的能源梯级利用与转化是多能互补利用的核心，低品位的可再生能源通过转化，不仅可以提升能源使用效率，降低传统高品位能源转化的损失，还能降低能源的使用成本，减少对传统能源的依赖。

能源云技术中，充分利用可再生能源减少对传统能源的依赖是其核心内容，对于可再生能源，能源互联网研究更多注重其作为一次能源的转化价值，风能、太阳能、地热能等转化为清洁电力并网，多余电力转化为其他形式能源进行消纳。能源云技术不仅关注可再生能源一次利用，更注重可再生能源"二次能"利用，通过热泵技术、热电冷三联供技术以及蓄能技术等，用电能驱动低品位可再生能源转化，实现热力供应。

能源结构上，针对能源品位进行合理规划，建筑、交通、工业中对温位需求低的区域应优先考虑低品位清洁资源，如可再生能源、余热、废气等，避免高品位资源做低品位利用、高品位资源利用不彻底等情况发生。低品位的可再生能源可以满足较多数场合的热应用，特别是在建筑的冷热需求、居民的日常生活（生活热水等）等方面，区别以往电力、热蒸汽等高品位资源直接转化使用，采用低品位的可再生能源不仅能够降低能源浪费与使用成本，还能提升能源利用率，在能源应用结构上进行进一步优化，做到"温度对口，梯级利用"[13]。

热泵技术是电能与热能的耦合节点，热泵消耗一部分电能，可提供相应电能 3 ～ 6 倍以上的热量（或冷量），在热泵技术的帮助下，可再生能源利用价值与利用率大幅度上升。高品位能源（如电能）适宜远距离输送，低品位能源适宜就地转化，做到可再生能源一次能源与二次能结合，可实现供热供冷的低成本、低污染，甚至零污染。

与传统电力驱动单一热泵不同，能源云技术倡导多能互补原则。单纯使用一种可再生能源存在或多或少的问题，比如空气源热泵在室外温度过低或者过高时，制热制冷能效下降，而土壤、海水等资源因为温度延迟效应及热稳定性，此时制热制冷效果比空气源要好。因而结合土壤、海水等可再生能源，辅助空气源热泵，会达到更为理想的效果。能源云技术就是采用多源互补的思想，对多种可再生能源进行充分利用，分析它们的利用方式、利用效率，在不同的时间，选择兼顾供热供冷效果与经济性最优的方案，达到提供更经济的能源、大幅度减少园区一级的总体能源输入的目标。

蓄能技术是能源的"缓冲"装置，在能源转化与梯级利用上，做到了"削峰填谷"，解决能源在不同空间、不同地域上的不对称性，避免了"高值低用"，倡导"低值低用"，做到能源品质的对应，避免不必要的浪费。从能源利用的角度来看，蓄能技术做到了高低能源品位的转化统一，在电力蓄能技术中，如抽水储能是电能与势能的转化，飞轮储能是电能与动能的转化，在热能蓄能技术中，如水储能、熔盐储能等是电能与热能的转化。不同时间、不同地点、不同品位能源，在蓄能技术下有效统一利用，以往难以消纳、较难控制的资源如弃风、弃光等，通过蓄能转化为便于利用的电力或者热力资源[14]，有效杜绝资源浪费，提升能源利用率，经济效益也随之提升。

可再生能源在大型工程中的应用，多能互补下的可再生能源与传统能源结合[15]，热泵技术与蓄能技术的协调，已经得到了国内外许多实际项目的验证与应用。2015年，美国斯坦福大学能源改造中，利用了电网供电，采用热泵技术、太阳能发电及余热回收联合供热，并采用供冷机组供冷加装余热回收，与改造前相比，节省了初投资，降低了碳排放，实现了75%的余热回收利用[16]。北京丽泽金融商务区采用多能互补智能微电网系统技术，采用集中供热/冷与分布式冷热电三联供相结合，结合附近可再生能源，增加污水源热泵与地源热泵进行补充，充分利用峰谷电进行蓄冷蓄热蓄电，外加微电网系统与集中式大电网进行配合，多种能源方案的耦合实现了"'1+4+N'+X"的清洁供热体系（注：1指现有的城市集中供热管网；4指4大热电中心；N指若干个中型燃气热电厂；X指若干个锅炉房）[17]。

（3）能源的价值属性

随着能源与信息的进一步结合与发展，互联网思维下的能源网络不仅带来了新的能源利用方式，也带来了新的能源交易方式。能源云技术下的能源价值属性，包括了网络信息系统、线下能源传输系统、清洁能源P2P服务三者（图2.7），覆盖了能源的运输、成本、认证、评估、服务、金融、交易等各个方面，通过物联网、互联网、能源网三者的协调与配合，做到能源价值的实现。

图 2.7　三网互联协调

能源价值包括新型能源交易协议，类比于信息技术的发展，不同能源的品位、价值不同，若没有统一的协议，将难以进行链接。新型的能源协议，不仅包括能源交易协议，还包括能源的品位协议、绿色协议、时间协议、使用协议、转化协议，做到能源分类智能管理，鼓励可再生绿色能源广泛使用。

能源价值包括新型能源管理、交易模式，类比互联网，能源的扁平化管理，分布式能源取代部分集中式能源，微网取代传统能源网，能源在区域中做到自给自足的同时，与其他区域进行共享，分布式能源站成为能源的区域节点，最终形成能源的共享局域网。这种自下而上的能源管理模式，把以往单纯的能源接受端变为能源生产、接受混合端口，能源供给从单向变成了双向传输，调动了用户与区域能源商的生产积极性。能源管理扁平化形成了能源各级区域网络，不同的能源网络相互连接，形成新型能源交易网络。

能源价值实现中，蓄能技术的大面积推广与使用，将会进一步推动整个能源互联的发展。蓄能技术延伸出的蓄能交易网、蓄能运输网、蓄能使用网，是能源云技术实现能源跨区域、跨时间互联的重要方式。

能源储存，在时间上进行生产与需求的平移，能源生产不必受需求侧的约束，使得储能变为一种新型的能源供应与交易方式。在经济上，从生产的角度来看，生产方可以选择经济性最佳的生产时间，"移峰填谷""夜产日用"，生产商规避电价高峰期造成的额外生产成本，也降低了用户的能源使用成本；在功能上，随着化学能电池、蓄氢电池等各类蓄电池储能的研究与发展，能源较以往变得更加方便流通，给能源交易提供了新型的模式，商户与用户之间不再紧密连接，生产、消费灵活便捷。

能源运输，在空间上进行生产与需求的平移，异地能源生产，通过蓄能技术进行能源的地域性转移，做到能源的二次分配。高品位能源远距离运输，低品位能源就地利用，形成能源供应的中远距离网络融合，实现能源的多级利用。

能源价值实现中，区块链技术极具参考价值。区块链技术主要包括去中心化、公开透明、合约执行自动化、可追溯性[18]。去中心化采取分布式存储，整个系统的数据保存在网络上每一个节点中，任意节点无法随便进行修改，更新数据、修改数据所有节点均需进行更新，具有公开透明的特点；同时由于所有节点都保存了交易记录，不可随意修改，并且永久保存，信息可以通过任意节点查询；合约执行自动化是指节点达到了设计的规则就可自动进行交易，不会受到单方面的阻碍，具有强制性，也是公平交易的保证。

在能源互联网中，功能维度、对象维度、属性维度三者共同构成了区块链技术的应用[18]，区块链技术覆盖了能源互联网的方方面面，贯通了能源互联网中的物理、信息、交易三个方面，信息在节点传输的过程中，不断调控各能源站之间的生产，并反馈用户侧信息，用户则可以根据生产信息选择适宜的能源。"源、网、荷、储"原本四个较为孤立的系统，在区块链技术下，做到了能源实时监控、能源实时共享、能源实时调节，是信息网调控下的能源网。由此可见，现代信息技术的发展是能源云技术的基本保障。

区块链下的能源生产与交易，生产商通过生产清洁能源来赚取相应的认证货币（或者现行货币），认证货币与现行货币通过一定的比率进行结算，获取相应的生产利益，用户则可以把自家生产的清洁能源上传到网络，获取认证货币或者通过兑付认证货币来获取能源。

然而，区块链技术本身也存在一定的局限性：①匹配性问题。区块链技术作为一种新型信息流处理方式，在面对物质流、信息流同时存在的能源网络中，往往会产生能源与信息不匹配、反应延时等问题，在目前的实践经验下，应用区块链技术管理系统网络的信息、电力与热力资源并不便利[19]，信息流和物理流的不匹配是区块链技术应用中面对的最主要问题。②可信度问题。能源作为国家重要资源，采取区块链完全自由的"去中心化"分布式管理方式，可能会产生信任危机，区块链技术下的能源交易不能没有国家监管参与，将会加大国家对能源的管理难度。③认可度问题。区块链技术虽得到社会较为广泛的认可，但是更多是停留在概念层，区块链技术在能源上的应用，远未达到普及，在一定程度上也较难得到消费者的认可。④存储问题。由于区块链技术采用信息分布式存储，在琐碎、广泛的能源交易下，长期运行会导致存储容量不足，这将会是面临的头号难题。

虽然区块链技术目前仍存在一定的问题，但是其提出的公开透明、去中心化、合约执行自动化、可追溯性等理念，给未来能源的价值实现提供了宝贵的理论与指导，区块链技术提出了一种能源、信息、价值三者协调的可能性，是能源、信息、价值结合的新手段，在美国、欧洲地区已经有公司采用区块链技术，比如欧盟 Scanergy 项目、美国 LO3 Energy 公司等，都致力于区块链能源技术的探索应用[20]。

（4）能源属性关系

首先，在能源规划阶段，依赖于其热力属性选择合理的多种能源转换设备，实现各品位能源的互联互补、梯级利用，尽可能最大化能源利用率。同时，由于不同能源的价值属性不同，考虑到投资与运行成本，不能单独依据热力属性确定能源规划与运行方案。能源的价值表现在不同时刻、不同地区，各种能源（比如电力）价格也有所不同，该特征在一定程度上决定了各设备机组的选择；同一时刻，电力价格与燃气价格不同，这一特征决定了系统在不同目标下的运行策略。例如，能源系统在初期规划阶段，采用全寿命期法衡量热泵机组与燃气锅炉时，除考虑不同机组初投资不同外，还要根据电力、燃气等能源价格计算年运行费用，最终确定各设备配置；在确定能源系统运行方案时，发挥夜间低谷电价格优势，优先开启电动热泵供热供冷或蓄能，达到"削峰填谷"的经济性目的。

最后，能源云技术的实现借鉴云的思想，其不再单纯考虑区域的能源独立供应，同时，能源作为一种商品，其交易过程中必然需要发挥能源的信息属性（图 2.8）。通过能源信息的传输及信息数据的分析，做到能源系统内部供需信息的双向沟通、各区域能源系统之间的信息传输，通过大数据分析对源端进行实时调节，既能减少不必要的能源浪费，又能降低运行成本。

图 2.8　能源属性关系图

2.2.3 物联网及大数据技术的应用

在能源云技术构架中，能源网与信息网的连通，为能源传输提供信息依据，是能源云技术发展的第一步。能量流与信息流的双向交互与深度融合，能够促进业务流动，创造巨大的价值[20]。物联网[21]作为一种将物质通过信息传感设备与互联网连接的技术，具有十分广阔的应用前景。将能源基础网络与互联网结合，智能电网、智能热网与智能燃气网应运而生，如表2.1所示。

<table>
<tr><td colspan="4">能源网与互联网的连接　　　　　　　　表2.1</td></tr>
<tr><td></td><td>智能电网</td><td>智能热网</td><td>智能燃气网</td></tr>
<tr><td>输送能量形式</td><td>电能</td><td>热能</td><td>燃气</td></tr>
<tr><td>伴生网</td><td>基础电网</td><td>基础热网</td><td>基础燃气管网</td></tr>
<tr><td>网络结构</td><td>互联网+电网</td><td>互联网+热网</td><td>互联网+燃气网</td></tr>
</table>

物联网技术的大规模应用，离不开大量传感器、智能设备来感应能源信息，各能源信息传感设备与互联网相连接，即数据（包括设备运行参数、环境参数等）来源为通过物联网采集的各能源网信息数据，并将其传入云端，保证能源信息上网。从需求侧来看，例如办公建筑中，通过采集电脑使用情况、人员是否在室、活动场景、室外空气温度等信息参数，判断用户行为与室外环境因素引起的负荷波动情况，进而确定负荷需求；从供应侧角度出发，例如在住宅建筑中，通过采集居住者的体验反馈数据，将信息反馈给供应侧完善机组运行调节机制。通过设备监测太阳辐射强度并上传到计算机中，进而分析在某不确定性情况下整个能源系统运行策略等。因此，物联网技术作为实现能源需求侧与供应侧信息相连通的第一步，也是实现能源云技术发展的第一步。

近年来，大数据的应用不断深入到各行各业中，正迎来前所未有的发展机遇[22]。在各能源网与信息网的连通过程中，将实时产生海量、多源、异构特性的能源大数据[23]，其不仅种类繁多，而且结构复杂。例如，某时刻建筑的冷热电负荷、室外温度、风速、光照强度等结构化数据，甚至是某地区在能源规划初期进行的实地考察图像等非结构化数据。因此，大数据技术定将贯穿于整个能源云之中，从数据的收集、预处理、存储、处理与分析到数据可视化，每一个环节都是能源云技术的一部分。

目前，能源信息过于碎片化和分散化，缺乏信息整合，是能源云技术进一步发展的一大阻力。针对当前各地区能源系统的"信息孤岛[24]"现象，大数据技术是解决该问题的方法之一[25]。首先，为解决区域内的能源孤立使用、资源封闭等问题，改善传统"自给自足"的能源方式，可利用大数据技术对各区域的用能进行聚类分析、对影响各资源使用情况进行关联度分析等。其次，面对庞大的能源信息，通过选择先进的算法进行数据处理，做到最大化利用数据价值与数据分享。最后，针对不同地区确定不同的能源配置，实现"因地制宜"，并在规划基础之上，根据地区特定的需求目标，实现能源系统的实时运行优化调度与协调运行。与此同时，在进行数据处理过程中，存储能源大数据信息，为日后能源云管理平台提供历史数据与管理经验。

2.2.4　能源系统特性

能源云技术的研究热点和重点众多，能源属性及其关系研究是能源云技术研究最基础的工作。要推动能源云技术进一步发展，需要建立一种基于能源生产、传输、存储、消费的新的能源发展模式，能源云技术下的能源系统模式需要具有以下几个特性，如图 2.9 所示。

（1）灵活性：能源系统能够根据各使用者的动态需求灵活地分配资源。从涉及的能源系统数目来看，灵活性优势不仅体现单区域自身能源系统运行优化上，还体现在多个区域综合效益最大的基础上，实现区域能源系统之间的实时资源调度，满足用户的实时能源需求；从工程实际规划来看，设计者在对大面积、多功能的区域进行能源系统规划时，能够充分考虑各地块功能、面积、负荷和建设

图 2.9 能源系统特性

进度变化，根据这些变化逐步进行灵活的调整与优化。

（2）智能性：在能源系统的运行优化过程中，供应者通过选取可靠的能源设备和恰当的数学优化算法，对各区域之间以及本区域内部能源进行最优化配置与运行调节策略分析，实现在优化目标下能源的按需调配与使用。使用者不需要与每个能源供应者进行人工交涉，便可以根据需求进行单方面决策，实现自动监测、控制并报告各项能源的使用情况。能源云技术降低了人工成本，充分发挥信息化时代优势，做到对能源的智能调配、对能源系统的智能管控。

（3）节能性：在区域能源系统规划时，首先分析当地可利用资源，例如优先使用可再生能源的能源规划配置方案，发挥可再生能源的节能优势。若将可再生能源按照是否位于该区域内分类，可分为现场可再生能源与非现场可再生能源。因此，当现场可再生能源有富裕量时，可通过就地利用的方式，以降低能源远距离传输造成的浪费与损失为原则，实现相邻区域内的资源共享。而且，利用清洁能源（如以天然气为燃料的三联供）技术，不仅能够实现能源的多级利用，且能源综合利用效率较高。

（4）可靠性：能源云理论不仅是增加对可再生能源的利用，如风力发电、可再生能源热泵等，还注重于多种能源的交互融合利用，如跨季节太阳能—土壤源复合热泵系统等[25]，强调整个能源系统能够灵活应对各种能源供应不稳定性给系统带来的波动，保证系统可靠运行。例如在规划阶段，采用燃气锅炉＋海水源热泵系统，可考虑将区域的两种机组容量按照 75%、75% 进行配比选型，尽管初投资有所增加，但实际运行过程中在单一冷热源出现问题时，基本不影响整个区域功能，能够保障 75% 的大部分时段负荷需求。

2.2.5 能源系统优化流程

　　能源云技术借鉴了互联网技术的思想和理念，并应用到能源领域中。其中，物联是基础，大数据是支撑，云计算是方法，三者的有机结合为能源系统运行模式提供了新思路，传统的"源网"是基本硬件条件。因此，解决以下四个层面所涵盖的关键技术是实现能源云技术的先决条件。

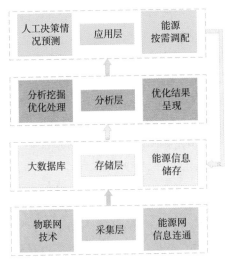

图 2.10　能源云技术下能源系统优化流程

　　能源云技术要改变目前单一化的能源供应方式，以多种能源的优势互补为宗旨，实现能源的梯级利用，并达到能源系统之间互联互通互惠互补的效能。其从能源的生产、转换、传输、分配四个环节出发，将多类型资源协调规划，实现能源供应系统与能源消费系统二者的双向沟通。如图 2.10 所示，能源云技术下的能源系统优化从四个层面实现：首先，采集层运用物联网技术，依靠智能传感器采集负荷需求侧与能源供应侧信息，如能源种类、气象参数等，并通过网络传输，实现能源信息互联互通；其次，存储层将采集的大量数据合并、筛选，并存储到数据库中；再次，分析层通过适当的算法对能源大数据[8]进行深度挖掘，数据可视化；最后，应用层获取所需结果，便于做出优化决策以及合理预测，最终实现能源的按需调配，并为以后的优化决策积累经验。这所有四个层面的功能实现，其硬件基础是传统的能源网设施。

参考文献

[1] 王恩宇, 齐承英, 杨华, 等. 太阳能跨季节储热供热系统试验分析 [J]. 太阳能学报, 2010, 31 (3): 357-361.

[2] 周彭. 毛细管海水源热泵系统运行特性研究 [D]. 青岛: 青岛理工大学, 2016.

[3] 胡松涛, 王刚, 张莉. 海水源热泵空调系统的工程应用 [C]// 2006 全国暖通空调制冷学术年会. 2006: 26-30.

[4] Lund H. Renewable energy strategies for sustainable development[J]. Energy, 2007; 32 (6): 912–919.

[5] 张旭. 热泵技术 [M]. 北京: 化学工业出版社, 2007.

[6] 艾宏伟. 基于㶲分析的先进蓄能空调 / 供热系统研究 [D]. 大连: 大连理工大学, 2006.

[7] 里夫金. 零边际成本社会 [M]. 北京: 中信出版社, 2014.

[8] 曹军威, 杨明博, 张德华, 等. 能源互联网——信息与能源的基础设施一体化 [J]. 南方电网技术, 2014, 8 (4): 1-10.

[9] 田世明, 栾文鹏, 张东霞, 等. 能源互联网技术形态与关键技术 [J]. 中国电机工程学报, 2015, 35 (14): 3482-3494.

[10] 张学文. 暖通空调空气处理系统优化与软件开发 [D]. 沈阳: 沈阳工业大学, 2009.

[11] Afgan N H, Carvalho M G. Sustainability assessment of hydrogen energy systems[J]. Int J Hydrogen Energy, 2004, 29 (13): 1327–42.

[12] Who coined "coud computing"? [OL], https://www.technologyreview.com/s/425970/who-coined-cloud-computing/.

[13] 金红光, 张国强, 高林, 等. 总能系统理论研究进展与展望 [J]. 机械工程学报, 2009, 45 (3): 39-48.

[14] 于慎航. 风电场储能容量计算及虚拟储能技术研究 [D]. 青岛: 山东大学, 2011.

[15] Salgi G, Lund H. Energy system analysis of compressed air energy storage in the Danish Energy System with high penetration of renewable

energy sources[J]. Applied Energy，2008；85（4）：182–189.

[16]　能源互联网研究课题组.能源互联网发展研究 [M].北京：清华大学出版社，2017.

[17]　任毅.北京丽泽金融商务区天然气多能互补能源系统案例 [J/OL].标准天然气 https://mp.weixin.qq.com/s/_gs0d69cEq6BzvlLBB8TrA.，2017.

[18]　张宁，王毅，康重庆，等.能源互联网中的区块链技术：研究框架与典型应用初探 [J].中国电机工程学报，2016，36（15）：4011-4022.

[19]　杨德昌，赵肖余，徐梓潇，等.区块链在能源互联网中应用现状分析和前景展望 [J].中国电机工程学报，2017，37（13）：3664-3671.

[20]　杨德昌，赵肖余，徐梓潇，等.区块链在能源互联网中应用现状分析和前景展望 [J].中国电机工程学报，2017，37（13）：3664-3671.

[21]　金和平，郭创新，许奕斌，等.能源大数据的系统构想及应用研究 [J].水电与抽水蓄能，2019，5（01）：1-13.

[22]　Bernstein D. The emerging hadoop，analytics，stream stack for big data[J]. IEEE Cloud Computing，2015，1（4）：84-86.

[23]　hou K，Fu C，Yang S. Big data driven smart energy management：From big data to big insights[J]. Renewable and Sustainable Energy Reviews，2016，56：215-225.

[24]　李永，句德胜，万光宇，等.应用于学校建筑的跨季节蓄热太阳能 - 土壤复合热泵系统运行特性试验研究 [J].制冷与空调，2018，18（09）：54-59+41.

[25]　刘宁，邵山，罗玉琴.多能互补综合能源系统运行优化建议 [J].中国资源综合利用，2019，37（01）：50-52.

第3章 基于能源云技术的综合能源规划模型

3.1 引言

可再生能源充分利用、降低园区能源消耗、提供更为经济的能源，是能源云技术在应用上追求的原则。能源规划作为一个区域能源系统设计的最初阶段，其奠定了规划区域的能源供应形式、能源运行方式与能源预计投资，对一个能源系统的经济性、能效性、灵活性等具有决定性作用。因此，对于任何一个区域而言，初期的能源规划极为重要，能源云技术下的能源规划，针对初期能源系统进行分析，在源端选择、运行调节上，采用能源云技术思想，做到系统整体的绿色环保、经济节能。

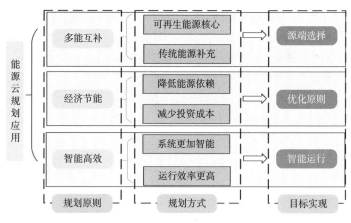

图3.1 能源云规划应用

图 3.1 显示了能源云规划应用的主要构成,以"多能互补"、"经济节能"、"智能高效"为规划原则,以"提升可再生能源利用率"、"降低能源使用成本与外界输入能源依赖"与"系统智能化"为规划方式,最终达到用户端、接收端、源端三者之间的协调统一。可再生能源的充分利用,是能源云规划阶段的核心,也是实现经济节能、智能高效的基础条件,更是改善园区能源结构、减少能源输入的核心措施。能源的规划是实现能源云系统供能的基础条件。

能源规划中,经济性与能效性通常是判别一个系统能否被采用的关键条件,而系统的智能化 [1] 往往遭到忽视。系统智能化包括系统运行调节阶段的智能化、系统选型阶段的智能化、用户需求收集的智能化。能源接受终端作为调节用户端、接收端、源端三者之间的"路由器",在智能运行、智能调节、智能收集 [2] 上具有重要的作用。智能化是实现能源云系统目标的技术手段。

能源云规划中,把系统整体分为需求侧与供给侧,通过分析两者之间的矛盾,对系统整体进行规划、调整、优化。图 3.2 所示为能源云规划技术路线图,由图可知,在能源选择方面,资源类型、价格体系、经济节能是供给侧选型的重要原则,满足用户最大负荷需求已经是基本条件,而不再是最终目标,规划目标的提升与改变是对系统整体设计的更高层次要求,也是能源云规划中的优势所在。

从能源价值来说,能源是"商品",需求侧是系统所拥有的"市场",其发出的负荷需求直接或间接的影响供给侧的规划与运行;供给侧是系统所拥有的"工厂",是能源的生产者。传统能源规划下,"生产者"与"消费者"相互独立,供给侧只负责生产,用户侧只负责购买与接收,"供不应求"或"供过于求"的情况经常出现。

接收终端在需求侧和供应侧之间,搭建起了一个连接桥梁。在需求侧,接收终端是能源信息的收集者,预测、收集用户负荷波动情况,对用户行为与室外环境产生的负荷波动进行及时记录与反馈。在供给侧,接收终端是能源信息的发出者,通过接收端对负荷进行分析计算,输出机组运行调节结果,控制供给侧机组运行与蓄能的释放。接收终端在计算时,不仅需要兼顾供给侧的机组能效与经济

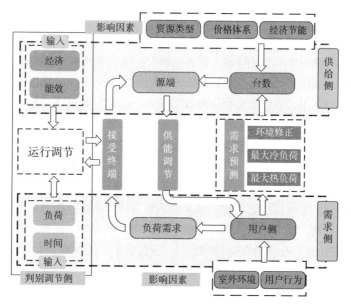

图 3.2　能源云规划技术路线图

运行，还需要兼顾需求侧的负荷需求与时间变化，针对不同情况做出不同的调整。

　　在能源云规划中，能源供给侧与用户侧已不再是相互独立关系，从传统功能方式中的"供多少用多少"，变为能源云下的"用多少供多少"，可以有效解决以往能源预测中的多种弊端。接受端针对用户侧负荷波动，分析计算新的运行方案，并在源端做到及时调节，使得能源供应模型变成双向，降低以往不必要的能源消耗，也降低了系统运行成本，并提升用户的用能满意度。

　　图 3.3 显示了传统能源规划与能源云规划应用的区别，与传统能源规划所不同，能源云技术下的能源规划，以经济节能与可再生能源应用为主要出发点，以互联互通、多能互补为主要表现形式，能源利用上做到"因地制宜""因时制宜"，能源供应上做到"廉价便捷"，在经济运营上做到"投得其所"，使投资端、运营端、用户端做到有效统一。

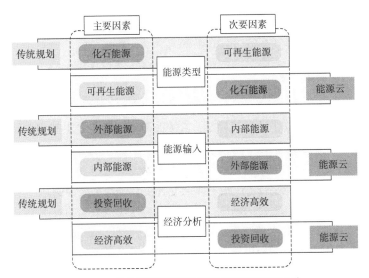

图 3.3 传统能源规划与能源云规划思想的区别

在源端的选择方面，能源云规划应用是以区域本身能源需求为基准，调研、分析并评估区域内可加以利用的各种能源种类（包括传统能源、可再生能源）、建立区域能源需求模型与能源供给模型、根据约束条件求解相应方程、分析规划结果，通常以成本（包括投资、运营、维护等）最低、能效（包括可再生能源利用率、碳排放减少量等）最高作为最优选择，得到节能性强、经济性优的多源配置方案，具体如图 3.4 所示。

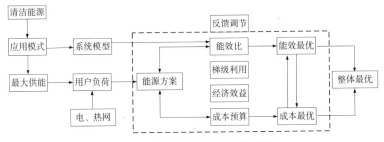

图 3.4 能源云规划下的源端选择

3.2 能源系统经济性粒子群优化配置模型

3.2.1 决策变量

系统中的决策变量是每一种冷热源设备所能提供的额定容量与其对应设备所需的能源消耗量，其中能源生产的总量跟其相应的额定功率有着直接关系，通过简化，将每一种机组的容量配置建立与其额定功率相关的数学公式，以一个海水源热泵、冷水机组、冷热电三联供及蓄能装置等组成的多能互补供热供冷系统为例。

海水源热泵提供的制冷（热）量跟海水温度有着直接关系，在理想条件下，海水源热泵提供的制冷（热）量主要取决于能效比，假设海水温度处于理想状态，海水表层温度动态稳定且海水波动正常，则模型为

$$Q_{sea} = COP_{sea} P_{sea} \qquad (3-1)$$

式中　Q_{sea}——海水源热泵输出，W；

　　　P_{sea}——海水源热泵的额定功率，W；

　　COP_{sea}——海水源热泵能效比。

电制冷机组的制冷能力主要取决于能效比，在系统运行中取决于外部气候条件，其模型为

$$Q_{cool} = COP_{cool} P_{cool} \qquad (3-2)$$

式中　Q_{cool}——电制冷机组输出，W；

　　　P_{cool}——电制冷机组的额定功率，W；

　　COP_{cool}——电制冷机组能效比。

蓄能装置在日间作为能源释能装置提供冷（热）量，在夜间则视为需要满足的负荷需求，其容量简化计算公式[3]参考如下：

$$Q_{store}(k+1)=Q_{store}(k)(1-\mu)+Q_{in}\sigma_{in}-\frac{Q_{out}}{\sigma_{out}} \qquad (3-3)$$

式中　$Q_{store}(k+1)$，$Q_{store}(k)$——$k+1$ 时刻与 k 时刻的蓄能冷（热）量；

　　　　μ——蓄能随时间的能量损失率；

　　　　Q_{in}，Q_{out}——蓄能、释能能量，kW；

　　　　σ_{in}，σ_{out}——蓄能、释能时的效率。

燃气利用中，燃气锅炉制热量模型如下：

$$Q_{gas}=\mu_{gas}G_{gas} \qquad (3-4)$$

式中　Q_{gas}——燃气锅炉制热量输出，kW；

　　　　G_{gas}——燃气锅炉的耗气量所折的热量，kW；

　　　　μ_{gas}——燃气锅炉的热效率。

冷热电三联供系统中，天然气用来发电输出电能，其产生的高温烟气经回收后可以进行供冷（热），做到能量的梯级利用，其发电与余热回收模型如下：

$$Q_{ele}=\mu_{ele}G'_{gas} \qquad (3-5)$$

式中　Q_{ele}——三联供系统发电量输出，kW；

　　　　G'_{gas}——三联供系统的耗气量所折的热量，kW；

　　　　μ_{ele}——三联供系统的热效率。

$$Q_{yr}=Q_{yq}\mu_{yq} \qquad (3-6)$$

式中　Q_{yr}——三联供系统余热回收后的制冷（热）输出；

　　　　Q_{yq}——烟气的余热量；μ_{yq} 为转化效率。

3.2.2 资金流目标函数

全寿命期成本 [4] 通常用来检验一个项目的经济可行性，它包括系统整体在使用期间的全部投资费用，全寿命期成本可以对系统整体的经济投资进行评估，从经济性上决定项目是否值得投资。

在资金流中，选用全寿命期成本函数作为优化目标函数，其中包含系统初投资、运行费用（电费、燃料费）、维护费用等，获取系统的成本最优解。建立运行成本数学模型如下：

$$f_1(x) = \sum_{i=1}^{n} x_i P_i h_i C_e + \sum_{i=1}^{n} x_i G_i h_i C_{gs} \qquad (3\text{-}7)$$

式中 x_i, P_i, h_i, G_i——分别是不同机组的台数；额定功率，kW；

运行时间，h；耗气量，m^3；

C_{gs}——天然气价格，元 $/m^3$；

C_e——所在区域电价，元 /kWh。

建立机组初投资模型如下所示：

$$f_2(x) = \sum_{i=1}^{n} x_i C_i \qquad (3\text{-}8)$$

式中 x_i——不同机组的台数；

C_i——各类机组单台配套价格，元 / 台。

建立维护成本模型如下：

$$f_3(x) = \sum_{i=1}^{n} x_i C_{fixi} h_i \qquad (3\text{-}9)$$

式中 x_i——不同机组的台数；

C_{fixi}——各类机组平均运行维护费用，元 / （台·h）；

h_i——各类机组的运行时长，h。

3.2.3 能量流、电力流约束条件

在能量流中，用户冷热负荷作为约束条件，对系统总供能进行调节。在经济性条件满足的情况下，还必须满足用户侧负荷需求，在经济、供能之间进行权衡，约束如下：

$$Q_h \leqslant Q_{sea} + Q_{gas} + Q_{store} + Q_{yr} \tag{3-10}$$

$$Q_c \leqslant Q_{sea} + Q_{cool} + Q_{store} + Q_{yr} \tag{3-11}$$

式中 Q_c——用户侧冷负荷需求；

$\quad Q_h$——用户侧热负荷需求；

$\quad Q_{sea}$——海水源热泵提供的总制冷（热）量；

$\quad Q_{yr}$——三联供机组提供的总制冷（热）量；

$\quad Q_{store}$——蓄能装置所能提供的总蓄冷（热）量；

$\quad Q_{cool}$——电制冷机组提供的总制冷量；

$\quad Q_{gas}$——燃气锅炉提供的总制热量。

同时机组在运行时，机组实际运行功率受到机组本身功率约束，不能大于最大运行功率，同时也不低于其最低运行功率，约束如下：

$$P_{min i} \ll P_i \ll P_{max i} \tag{3-12}$$

式中 P_i——不同机组的运行功率；

$P_{min i}$，$P_{max i}$——不同机组的最小、最大运行功率。

在电力流中，机组所需的电力不能超过机房最大电力供给能力，其约束条件如下：

$$F_{max} \geqslant F_{sea} + F_{cool} - F_{out} \tag{3-13}$$

式中 F_{max}——机房最大电力供给能力；

F_{sea}，F_{cool}——分别为海水源热泵总电力需求、电制冷机组总电
力需求；

F_{out}——三联供机组额外提供的电力资源。

3.2.4　系统经济性算法优化

粒子群优化算法[5]是在模仿鸟类聚集飞行的基础上提出的，研究人员发现，鸟群的飞行并非无规律可循，在群体里的每一只鸟都遵守同样的规则：个体之间避免碰撞、飞行时靠拢自己所属的群体、个体速度跟群体保持一致，这三个准则使得鸟群飞行保持错落有序，既不会发生碰撞，也不会迷失方向。Reynolds 博士的研究虽然仅限于模拟自然鸟类行为[6]，并未将其应用推广到计算领域，但是其提出的准则奠定了粒子群优化模型的基础。

在 1995 年，美国心理学博士 Kennedy 与电气工程博士 Eberhart在原有模拟鸟群模型的基础上做进一步研究，重新定义了其规则：栖息地移动准则、最优位置记忆准则、局部位置共享准则，并将其归纳总结成了粒子群优化算法。

粒子群优化算法通过群体与个体之间的信息共享对问题求解，群体中个体的每一个位置代表约束范围内的一个可能结果，每一个个体以一定的规定速度进行"飞行"，个体在空间飞行的过程就是求解的过程[7]。在每一个位置，粒子位置的优劣程度通常通过给定目标函数的适应度值来衡量。种群通过多次迭代来寻找搜索空间内的最佳粒子位置，即待求解问题的最优解。

在全寿命期成本的基础上，以经济流为基础，能量流与电量流作为条件约束，将公式整理为如下样式，对系统整体容量配置进行优化求解：

$$\text{min}y=f(x)=\text{min}\{[f_1(x)+f_2(x)+\cdots+f_i(x)]^T\}$$
$$\text{s.t.}\quad x\in\Omega$$
$$G(x)=0$$
$$H(x)\leqslant0$$

（3-14）

式中 y——优化目标函数；

       x——方程自变量；

       Ω——决策空间；

       f_i——第 i 个优化目标；

$G(x)$、$H(x)$——方程中等式约束与不等式约束。

  采用带惩罚函数的粒子群算法进行优化分析，采用罚函数在原先粒子算法中增加障碍，使得粒子可以快速靠近可行域，从而将其转化为求解无约束极值问题，减少局部极值的发生，提升系统整体优化精度，算法过程如下：

算法1：带惩罚函数的粒子群算法
输入：迭代次数 T；种群规模 N；问题维度 D
输出：系统整体最佳位置向量 x*（t）
1 检查维度上下限范围 abs（length（X_{min}）–length（X_{max}））> 0；
2 初始化粒子群位置向量 X_i=X_{min}+rand（1，length（X_{min}）.*（X_{max}–X_{min}）；
3 初始化粒子群速度向量 V_i=V_{min}+rand（1，length（V_{min}）.*（V_{max}–V_{min}）；
4 for t=1：time；
5 for i=1：n；
6 进行约束的 D 维目标函数的求解；
7 判断点是否穿越边界而逃离可行域；
8 计算粒子适应度数值；
9 比较个体适用度值 $F_{it}[i]$、个体极值 $P_{best}t(i)$，若 $F_{it}[i] > P_{best}t(i)$，则进行替换；
10 比较个体适用度值 $F_{it}[i]$、全局极值 $g_{best}t(i)$，若 $F_{it}[i] > g_{best}t(i)$，则进行替换；
11 更新粒子速度 V_i 和位置 X_i
12 t t+1
13 return x*（t）

3.3 能源系统优化配置评价方法

  单纯通过经济性分析、环保性分析、能效性分析，无法简单并直观地判断最优系统容量配置方案，采用多属性决策法[8]对各参考值进行理论化分析，通过建立客观权重、主观权重后计算出组合权重，建立综合能源评价模型，经综合分析后，选取最优系统容量配置方案。

3.3.1　层次分析法计算主观权重

针对主观权重，采用层次分析法 [9] 进行计算，降低主观因素对系统整体的判断影响。在层次分析法中，准则层各因素通过两两比较，根据前一因素与后一因素的重要度进行打分并形成矩阵。如因素 i 与因素 j 中，若认为其重要性一致，则打分为 1，即 $b_{ij}=1$；若认为因素 i 重要性比因素 j 稍高，则打分为 3，即 $b_{ij}=3$，以此类推，通常采用 1、3、5、7、9 作为打分数值，2、4、6、8 则意味影响在其中间，数值越高代表因素 i 比因素 j 影响更强，重要性更高，具体如表 3.1 所示。

重要性标度含义表　　　　　　　　　表 3.1

重要性标度 b_{ij}	含义（i、j 两因素做对比）
1	前者 i 和后者 j 重要性相同
3	前者 i 比后者 j 稍重要
5	前者 i 比后者 j 明显重要
7	前者 i 比后者 j 强烈重要
9	前者 i 比后者 j 极端重要
2、4、6、8	为以上判断的中间状态
数值的倒数	前者 i 和后者 j 重要性之比为 b_{ij} 则后者 j 与前者 i 之比为 $b_{ji}=1/b_{ij}$

在经济性、环保性、能效性这三个方面,选择资金流经济性指标、碳排放量指标、单位能量燃气消耗、单位能量电力消耗这四个因素作为准则层，将其分别命名为 B_1、B_2、B_3、B_4，两两比较后，得到判断矩阵如表 3.2 所示。

经济性、环保性、能效性判断矩阵　　　　　表 3.2

	B1	B2	B3	B4
B1	1	2	3	3

	B1	B2	B3	B4
B2	1/2	1	2	2
B3	1/3	1/2	1	1/2
B4	1/3	1/2	2	1

能源云技术倡导经济环保、绿色节能，降低对园区外能源输入的依赖，故对于此算法而言，经济性是最为重要的因素[10]，其次是环保性，最后是能效性，但是三者的重要程度相差不大。由于系统主要耗能为电力和燃气资源，故单位能量电力消耗比单位能量燃气消耗的影响略强一些，但均弱于环保与经济。

得到矩阵 A_4 后，通过 Matlab 做以下计算，具体如下：

算法 2：层次分析法

输入：矩阵 A_4 各值；

输出：各向量权重向量 Q；

1 　获取指标格数 [m, n]=size（A）；

2 　判断计算每一行中的元素乘积；

3 　计算元素乘积的 n 次方根；

4 　对向量归一化处理；

5 　计算矩阵的秩 R、特征值 V、特征向量 D R=rank（A），[V, D]=eig（A）；

6 　求解最大特征值 B；

7 　寻找最大特征值所在位置，及其对应的特征向量 C；

8 　输入平均随机一致性指标 R.I.；

9 　RI=[0 0 0.58 0.90 1.12 1.24 1.32 1.41 1.45 1.49 1.51]；

10 　计算一致性检验指标 CI CI=（B−n）/（n−1）；

11 　计算一致性比例指标 C.R. CR=CI/RI（1, n）；

12 　判断 C.R 是否小于 0.1；

13 　特征向量标准化 Q（i, 1）=C（i, 1）/sum（C（i, 1））；

14 　输出权重向量 Q

对矩阵进行一致性检验，判断 C.R 是否小于 0.1，若小于，则证明矩阵在逻辑上合理，其输入结果可信。经计算，该方程 C.R.<0.1,

其结果可信，则得到计算结果如图 3.5 所示。

图 3.5　层次性分析计算结果

经过层次分析法后得到主观权重如下：
$$Q = (\, 0.4606,\ 0.2442,\ 0.1215,\ 0.1738\,)$$

3.3.2　客观赋权分析法计算客观权重

选用客观赋权法对经济性、环保性、能效性这三个方面进行客观权重计算，通过计算各指标熵的大小，来确定其相应的权重。在熵的计算中，某参数的信息熵越小，说明其离变程度越高[11]，换言之其对整体波动影响大，其相应权重也会随之增大。

首先判别资金流经济性指标、碳排放量指标、单位能量燃气消耗、单位能量电力消耗的属性，这些因素中均为数值越小、整体越好的指标，通过文献可知，其属于成本型指标。在指标熵值计算中，需对各因素指标进行标准化，使得各参数变成无量纲参数，并存于 [0, 1] 范围中，计算标准化的矩阵。

将资金流经济性指标、碳排放量指标、单位能量燃气消耗、单位能量电力消耗数值整理为矩阵 Y，成本型指标中选择各项最小值作为标准 1，将其与所在各行数据进行对比，得到标准化矩阵 Y'，矩阵各因素熵值、客观权重计算如下：

假设存在决策矩阵 $Y=(y_{ij})_{m \times n}$，目标决策域的集合为 $W(s) = \{W_1,\ W_2,\ \cdots,\ W_m\}$，因素指标的集合为 $V(s) = \{V_1,\ V_2,\ \cdots,\ V_n\}$，方案 W_i 关于属性 V_i 的结果记为 y_{ij}（$i=1,\ 2,\ \cdots,\ m; j=1,\ 2,\ \cdots,\ n$），

其第 j 个指标的熵值表示为

$$E_j=-\sum_{i=1}^{m}\frac{y_{ij}}{y_j}\ln\frac{y_{ij}}{y_j};\ y_j=\sum_{i=1}^{m}y_{ij},\ i=1,\ 2,\ \cdots,\ n \qquad （3-15）$$

将目标的熵值处理得到目标 j 的客观权重为

$$w_j'=\frac{1-e_j}{\sum_{j=1}^{n}1-e_j},\ 其中 e_j=\frac{E_j}{\ln m},\ j=1,\ 2,\ \cdots,\ n \qquad （3-16）$$

经以上计算后，即可得到资金流经济性指标、碳排放量指标、单位能量燃气消耗、单位能量电力消耗的客观权重。

3.3.3　能源系统综合评价方法

对客观权重和主观权重进行计算，求出综合权重指标[12]，使能源系统综合评价更加合理，现计算如下：

$$w_j=\bar{p}w_j'+\bar{q}w_j'',\ \sum_{j=1}^{n}w_j=1,\ 0\leqslant w_j\leqslant 1 \qquad （3-17）$$

w_j 为综合权重，记 p、q 分别为主观权重 w_j'、客观权重 w_j'' 的重要程度，对 p、q 进行归一化处理，即令

$$\bar{p}=p/（p+q） \qquad （3-18）$$

$$\bar{q}=q/（p+q） \qquad （3-19）$$

将其代入式（3-16），对客观权重和主观权重进行计算，得到综合权重 W_j，即为能源系统综合评价权重，它反映了经济性、节能性、能效性三者在主观判别与客观判别下的综合修正权重，不仅反映了主观判别的因素，使得综合权重跟实际需求更为贴切，也反映了各数据之间的客观关系，使得综合权重更加全面地反映了各参数之间的关系。使用综合能源系统评价指标，可以更加全面地评判系统整体的经济性、节能性、能效性。

参考文献

[1] Henrik L，Poul A Østergaard，David C，et al. Smart energy and smart energy systems[J]. Energy，2017，137：556-565.

[2] Henrik L，Neven D，Poul A Østergaard，et al. Smart energy systems and 4th generation district heating. Energy[J]. 2016，110：1-4.

[3] 郑卫东. 分布式能源系统分析与优化研究 [D]. 南京：东南大学，2016.

[4] 尉峰. 基于多目标优化和动态博弈方法的综合能源系统规划及运行优化研究 [D]. 广州：华南理工大学，2017.

[5] 张庆科. 粒子群优化算法及差分进行算法研究 [D]. 青岛：山东大学，2017.

[6] Reynolds C W. Flocks，herds and schools：A distributed behavioral model[J]. Acm Siggraph Computer Graphics，1987，21（4）：25-34.

[7] Kennedy J，Eberhart R. Particle swarm optimization[C]// IEEE International Conference on Neural Networks，1995. Proceedings. IEEE，2002：1942-1948 vol.4.

[8] 徐泽水. 几类多属性决策方法研究 [D]. 南京：东南大学，2003.

[9] 郭金玉，张忠彬，孙庆云. 层次分析法的研究与应用 [J]. 中国安全科学学报，2008，18（5）：148.

[10] 邓雪，李家铭，曾浩健，等. 层次分析法权重计算方法分析及其应用研究 [J]. 数学的实践与认识，2012，42（7）：93-100.

[11] 刘富强，鲁志航，吕呈新，等. 基于组合赋权法的抽蓄工程开挖工期影响因素分析 [J]. 水电与新能源，2017，（6）：40-43.

[12] 赵萱，张权. 多属性决策中权重确定的主客观赋权法 [J]. 沈阳工业大学学报，1997，（4）：95-98.

第4章 基于能源云技术的规划案例与应用

4.1 引言

随着可再生能源应用的日益发展，综合能源系统成为越来越多大型项目的首选方案，"被动楼""零排放楼"等减少外界能源依赖的建筑越发成为热潮，但是现阶段其存在投资成本高等一系列问题。高效用能、节能环保是当今能源利用的共同追求，在保持高效的情况下，做到经济性强、认可度高是能源云技术所追求的目标。

综合前面关于能源属性、能源结构、能源规划的研究，利用能源云技术针对大型系统做最优容量配置与运行调控研究，不仅是对能源云技术综合可行性与适应性的考验，也是能源云技术应用中迈出的重要一步。在大型项目中，综合能源系统的容量配置包括各种问题与决策：可再生能源与传统化石能源的互补、经济性与能效性的判别等，采用传统计算方式已经难以满足。本章中，针对某园区能源改造与某地区国际邮轮港能源规划，采用新型系统节能控制与运营方式，对综合能源整体进行优化研究，实现能源云技术中减少区域外输入能源依赖、经济节能、可再生能源充分利用的目标，同时使得在区域能源应用方面具有可行性。

4.2 某园区冷热源改造

某园区在十年前投入使用，园区功能为博览中心，承办展出期间人员流量密集，负荷需求较高。在原先规划设计中，为了保证系统的稳定运行，选取 4 台燃气锅炉与 5 台电制冷机组来满足园区冬夏两季负荷需求。在非展览期间的实际运行负荷远远低于原规划负荷，依旧采用原规划机组运行将导致能源浪费、机组运行效率低下、运行成本过高等一系列问题。

目前，该园区冬季热负荷 5121kW，夏季冷负荷 11630kW，供暖期为 141 天，供冷期为 90 天。分析其附近资源类型，由于园区以花卉等植物展出为主，并已竣工多年，要尽量在保留其原有环境的基础上进行改造，故不能选择占地过大、改造量大的方案，同时由于其位于城市郊区，不具备海水源的应用条件。综上所述，选择空气源热泵作为冷热源选择，同时原有燃气锅炉与电制冷机组各保留 2 台作为尖峰调节使用，同时作为备用冷热源。

在实际能源改造中，以经济节能、多能互补为改造原则，以可再生能源应用为核心，将原有的燃气锅炉与电制冷机组系统改造为风冷热泵配合蓄能使用，不仅降低了投资，还提升了系统整体的灵活性与能效性，降低了对燃气资源的依赖。

该项目在改造中，主要目标为降低运行费用，故选用年运行电费、静态折旧费、维修人工费、年总运行费用作为参考。

经测算，选择 7 台风冷热泵与蓄能装置为园区供能，其中蓄水池的总蓄能量选择冬季最冷日白天累计总负荷，约为 25620kWh，具体参数如表 4.1：

<table>
<tr><td colspan="4">能源改造后系统选型   表 4.1</td></tr>
<tr><td></td><td>制冷量（kW）</td><td>制热量（kW）</td><td>功率（kW）</td></tr>
<tr><td>空气源热泵</td><td>1800</td><td>1662</td><td>457</td></tr>
<tr><td>蓄能池蓄能量</td><td></td><td>25620kWh</td><td></td></tr>
</table>

采用低谷电蓄能的方式，根据用户需求分析机组开启台数与蓄能释放比例，分别计算冬季、夏季运行方式与费用，如表 4.2 ～ 表 4.4 所示。

冬季蓄能运行方案 表 4.2

<table>
<tr><td rowspan="6">夜晚</td><td rowspan="3">蓄热</td><td>时间段（供暖起始天数）</td><td>1 ~ 14</td><td>15 ~ 28</td><td>29 ~ 43</td><td>44 ~ 57</td><td>58 ~ 83</td><td>84 ~ 97</td><td>98 ~ 112</td><td>113 ~ 126</td><td>127 ~ 141</td></tr>
<tr><td>运行台数</td><td>1 台</td><td>2 台</td><td>3 台</td><td>4 台</td><td>5 台</td><td>4 台</td><td>3 台</td><td>2 台</td><td>1 台</td></tr>
<tr><td>运行总小时数（h）</td><td>8</td><td>166</td><td>298</td><td>391</td><td>921</td><td>391</td><td>298</td><td>166</td><td>58</td></tr>
<tr><td rowspan="3">直接供应</td><td>时间段（供暖起始天数）</td><td colspan="3">1 ~ 50</td><td colspan="3">51 ~ 90</td><td colspan="3">91 ~ 141</td></tr>
<tr><td>运行台数</td><td colspan="3">1 台</td><td colspan="3">2 台</td><td colspan="3">1 台</td></tr>
<tr><td>运行总小时数（h）</td><td colspan="3">8 时 ×1 台 ×50 天</td><td colspan="3">8 时 ×2 台 ×40 天</td><td colspan="3">8 时 ×1 台 ×51 天</td></tr>
</table>

夏季蓄能运行方案 表 4.3

<table>
<tr><td rowspan="6">夜晚</td><td rowspan="3">蓄冷</td><td>时间段（供冷起始天数）</td><td>1 ~ 4</td><td>5 ~ 9</td><td>10 ~ 80</td><td>82 ~ 86</td><td>87 ~ 90</td></tr>
<tr><td>运行台数</td><td>1 台</td><td>2 台</td><td>3 台</td><td>2 台</td><td>1 台</td></tr>
<tr><td>运行总小时（h）</td><td>17.1</td><td>59.8</td><td>1909.1</td><td>59.8</td><td>17.1</td></tr>
<tr><td rowspan="3">直接供应</td><td>时间段（供冷起始天数）</td><td>1 ~ 20</td><td>21 ~ 40</td><td>41 ~ 59</td><td>60 ~ 79</td><td>80 ~ 90</td></tr>
<tr><td>运行台数</td><td>1 台</td><td>2 台</td><td>3 台</td><td>2 台</td><td>1 台</td></tr>
<tr><td>运行总小时（h）</td><td>8 时 ×1 台 ×20 天</td><td>8 时 ×2 台 ×20 天</td><td>8 时 ×3 台 ×19 天</td><td>8 时 ×2 台 ×20 天</td><td>8 时 ×1 台 ×21 天</td></tr>
</table>

夏季机组运行方案 表 4.4

<table>
<tr><td rowspan="6">白天</td><td>时间段（天）</td><td>1 ~ 13</td><td>14 ~ 18</td><td>19 ~ 23</td><td>24 ~ 27</td><td>28 ~ 32</td><td>33 ~ 37</td><td>38 ~ 41</td><td colspan="2">42 ~ 58</td></tr>
<tr><td>运行台数</td><td>0 台</td><td>1 台</td><td>2 台</td><td>3 台</td><td>4 台</td><td>5 台</td><td>6 台</td><td colspan="2">7 台</td></tr>
<tr><td>运行总小时（h）</td><td>0</td><td>21</td><td>63</td><td>82</td><td>140</td><td>183</td><td>177</td><td colspan="2">936</td></tr>
<tr><td>时间段（天）</td><td>59 ~ 62</td><td>63 ~ 67</td><td>68 ~ 72</td><td>73 ~ 76</td><td>77 ~ 81</td><td>83 ~ 85</td><td colspan="3">86 ~ 90</td></tr>
<tr><td>运行台数</td><td>6 台</td><td>5 台</td><td>4 台</td><td>3 台</td><td>2 台</td><td>1 台</td><td colspan="3">0 台</td></tr>
<tr><td>运行总小时（h）</td><td>177</td><td>183</td><td>140</td><td>82</td><td>63</td><td>21</td><td colspan="3">0</td></tr>
</table>

冬季，由于蓄水池体积按冬季负荷计算，仅需要在白天电价高峰期开启蓄能装置即可满足日间负荷需求，空气源热泵处于关闭状态；在夜间，将蓄能装置所需热量作为额外热负荷部分，其随着供热天数的变化而变化，需要开启的空气源热泵台数也随之变化。

在夏季，日间采用空气源热泵与蓄能装置联合进行供能，夏季供回水温差减小，蓄能装置所能提供的冷负荷减小，夏季蓄能主要用于削减尖峰负荷下的用电需求，配合低谷电做到"削峰填谷"。在夏季冷负荷较低的时段，日间仅需要采用蓄能装置即可满足负荷需求，随着冷负荷需求的增加，空气源热泵和蓄能装置逐渐开启。在夜间，空气源热泵一部分用作蓄能，另一部分机组在夜间提供冷负荷满足夜间需求。

运行费用比较   表4.5

费用\n方案	年运行电费\n（万元）	静态折旧费\n（万元）	维修人工费\n（万元）	年运行费用\n（万元）
优化方案	317.66\n（46.9元/m²）	117.2\n（17.3元/m²）	67.8\n（10元/m²）	502.6\n（74.2元/m²）
原方案	511.9\n（54.9元/m²）	559.4\n（60元/m²）		1071.3\n（114.9元/m²）

注：静态折旧费按初投资÷8年得出。

与原先燃气锅炉及电制冷机组相比，采用低谷电蓄能与空气源热泵系统后，在总运行费用和能效上有着显著提升。如表4.5所示，优化后的方案年运行费用为502.6万元，原方案为1071.3万元，年总运行费用降低了约53%。将原系统燃气消耗量折合计算为等价电力消耗后，与风冷热泵和蓄能方案做运行电费对比，优化方案的系统年运行电费比原方案低了约40%。同时，考虑系统的静态折旧费与维修费用，原方案两项总和为559.4万元，优化后为185万元，和优化方案相比，原方案费用高出优化方案近67%。由此可见，优化后的系统整体在经济性、能效性方面，比原方案更为经济环保，既减少了燃气消耗，又优化了园区整体的能源结构。

该园区能源改造是能源云规划下的多能互补（电、空气源、燃气）的简单应用，它在实际应用上证明了能源云规划的可行性与适用性，也说明了可再生能源得到充分利用后的潜力。由此可见，针对园区进行合理的能源规划，做到可再生能源利用因地制宜、运行调节因时制宜，是减少对传统能源依赖、提升能源使用效率、实现经济节能的重要手段。

4.3 某国际邮轮港项目简介

某地国际邮轮港，集旅游、创业、城市综合体、娱乐与住宅于一体，综合性强，具有建筑空间广、占地面积大、高度高等特点，是一个结构复杂、功能繁多、设施完善的功能性与标志性兼顾的超大型邮轮港湾。该邮轮港作为重要的交通枢纽与综合服务中心，其客流量大、人群密集、配套设施多、活动密集，这些条件决定了规划区在负荷需求上具有时间上与空间上的波动性；同时在能源消耗方面，大型建筑设施耗能大、负荷需求不均，既容易造成能源资源浪费，又难以及时调节，往往是花着大价钱却得不到相应的供热供冷效果，单纯采用传统能源难以解决以上问题。

该邮轮港位于老城区内，有着相对完善的基础工程，交通发达，便于能源运输；同时规划区位于老港区，附近可再生能源丰富，具有丰富的海洋资源、潮汐能、污水热能、工业余热等，如何开发与利用这些可再生能源，是解决规划区能源问题的一把利器。但可再生能源在使用上具有一定的局限性，单纯采用可再生能源难以满足负荷需求。

单纯采用传统能源或者可再生能源，都无法满足规划区的"绿色港湾"要求。伴随着新能源技术的开发与利用，一种新能源与传统能源相互结合、多源互补的全新能源利用方式孕育而生，能源云技术将是解决目前问题的关键所在。

在此，以该项目为典型案例，详细介绍能源云技术的使用方法。

4.4　能源信息收集分析

　　能源调查是一个对能源资源进行梳理、分析、整合的过程，根据需求侧的负荷特性，合理配置能源，做到多能互补，使经济性与稳定性达到最佳的调和比，既充分满足实际项目的负荷需求，又达到绿色节能。在用电高峰时期，采用蓄能、太阳能发电、热泵等技术，降低运行成本；在负荷高峰时期，采用燃气锅炉、热泵技术进行调峰；同时，需兼顾能源系统的一次性投资（图4.1）。

　　对能源生产侧调查，主要需要以下几步：

　　（1）查询规划区附近能源生产商；

　　（2）获取能源生产商的能源供应价格、供应特性；

　　（3）能源生产商能否满足规划区负荷需求，能够满足的最大负荷需求；

　　（4）能源生产商供能所需要的配套设施及建设初投资；

　　（5）生产端与用户之间管道设施的部署、施工条件；

　　（6）进行全年运行费用计算，统计能源的使用成本。

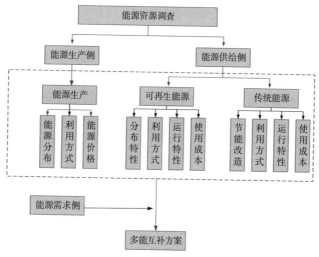

图 4.1　能源信息收集技术路线图

对能源生产的调查，目的是了解附近可以直接利用的能源资源，针对实际工程中，在进行多能互补配置时能源生产商的出力特性，同时进行能源价格对比，选择适宜的能源方案。

能源供给侧调查主要分为两部分，一部分是调查规划区附近可以利用的可再生能源，以及通过新能源技术能够进行能源供给的量，研究新能源的出力特性；另一部分是调查传统市政热网、电网、燃气网等，同时结合附近的能源生产商，研究集中式能源的出力特性。

4.4.1 海洋资源调查

规划区地处老港区，拥有得天独厚的海洋资源，海水资源是重要的可再生能源，但是海洋作为容量巨大的可再生能源库，以热能形式储存在海水中的太阳能尚未得到充分的开发和利用[1]。进入海洋的太阳辐射能一部分转变为海流的动能，而更多的以热能的形式储存在海水中，且海水的比热容较大，其值为 3996kJ/（m³·K），储热量巨大。

港区临海，共建有 3 个邮轮泊位，岸线总长度 1000 多米。其中，新型超大型邮轮泊位长 490m，纵深 95m，吃水 -13.5m，可全天候停靠两艘中小型游轮。据调查，夏季海域表层海水温度 16～25℃，海水平均温度 21.5℃，夏季海水最高温度在 9 月 15 日前后，最高表层水温 25℃，深度 10m 处海水温度为 20℃左右，比表层水温低约 5℃。

冬季海域表层海水温度为 2.6～16℃，海水平均温度 7.5℃，冬季海水最低温度在 2 月 10 日前后，表层水温 3℃以下最长时间 20 天，由于受暖流影响，表层最低水温 2.6℃以上，深度 10m 水温比表层水温高约 0.5℃。

本项目可充分利用海水源作为可再生能源利用，尤其是夏季，海水温度在 14～24℃之间波动，非常适合做空调冷却水（图 4.2）。充分利用海水资源也可以充分体现海港项目特点，利用海水冷却不仅冷却效果好，大幅提升制冷机组 COP 值，而且节省水源，节省占地，减少噪声，美化港区环境。

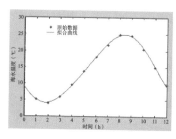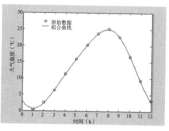

图 4.2　海水、空气温度拟合曲线

海水源热泵技术[2, 3]是用海水替换传统冷热源，利用热泵原理，凭借输入少量高品位的电能，得到大量热能的一种新型技术，该技术完全满足建筑冷热需求，再加上海水基本上可认为是无限敞开水域，因此对环境没有污染，工作效率比传统空调系统高[4]。

4.4.2　余热资源调查

污水源热泵是一种以污水作为冷、热源的水源热泵，主要是以城市污水作为提取和储存能量的冷、热源，借助热泵机组系统内部制冷剂的物态循环变化，消耗少量电能，从而达到制冷、供暖的一种可再生能源利用技术[5]。

采用污水源热泵技术，跟以往传统能源相比具有良好的节能环保功效，与其他可再生能源相比也具有独特的优势，污水源热泵能同时实现制冷和供热，一机多用，可节省一次性投资。在考虑电力增容费的情况下，污水源热泵系统设备初投资比燃气和空气源热泵系统以及地源热泵系统要低。运行费用分别比传统制冷加锅炉系统和空气源热泵系统节约 40% 和 30%，具有良好的经济性[6]。

该规划区附近有一座污水处理厂，位于规划区中北部，服务面积约 24km²，现状处理规模为 16 万 m³/日，港区北侧现状污水处理厂为地上式污水处理厂，存在臭味、噪声污染、占用土地资源等问题。污水处理厂周边有部分已利用污水源热泵供热，但剩余量不大。按规划远期污水处理厂扩建后可考虑同步增设污水源热泵机组，满足周边居住建筑用热及用冷需求，作为规划港区区域供冷供热系统的有效补充。

电厂废热具有极高的回收利用价值，通过热泵技术能够提高余热的品位，实现温位的提升，也可以在区域供热和供冷方面发挥作用[7]。规划区电厂高温热水温度约100℃，产量5000t/h，发电厂4台发电机，已有30万kW做热电联产，1台改高背压，1台拟改，此部分目前已为周边部分热力用户供热，热水无富余。另外2台纯凝发电，海水冷却，产量4.5万t/h，冬季可将海水升温到12℃，若加以利用，可有效提升海水源热泵冬季供暖能力。

4.4.3 电力资源

规划区负荷需求大、用电设备繁多，对电力有着极高的要求，其中很大一部分是冷热需求带来的电力负荷，选择从大电网中进行供电的关键是合理利用峰谷电价，峰电时进行避峰、削峰，谷电时进行储能，通过运行时间的合理调控，在避免能源浪费的同时，也大幅减少由于不合理用电带来的经济负担，做到经济与节能的统一。

根据"因时制宜"原则，由于电力存在峰谷电价，合理利用低谷电将会是重中之重。采用蓄能技术"削峰填谷"，降低了运行成本，避免了"高值低用"，做到"低值低用"，达到能源品质的对应，避免不必要的浪费，所以在电力利用方面宜优先考虑蓄能装置。

（1）峰电避峰。根据所处地区电价时间分布，针对工业供电、居民用电的价格政策，根据该区域的功能分布与运行特性，在用电高峰期，适当减少一部分设备用电，降低设备的运行数量，多采用蓄能装置、三联供装置等，补充尖峰时段所需的电量，对一些峰电时负荷较低区域，可以考虑暂停使用大电网，使用三联供机组等发电，满足较少的电力需求与负荷需求。

（2）谷电储能。在电价较为便宜的时间段，利用蓄能技术，储存所需要的能源以备峰电期使用，可大幅度降低能源使用成本；此外，还可通过择时用电措施如电车充电等，降低能源运行成本。

对电力资源的合理利用，是降低园区对外能源依赖的关键，只有合理规划电力资源，才能做到经济节能。因此，集中供冷供热方案应该结合周边电力政策的实际情况，积极发展清洁能源和可再生能源，在区域能源规划中，多采用节能高效的冷热电联供系统，降低规划区配电容量，减轻电网负担。

4.4.4　燃气资源

传统的市政热网、燃气网具有自身的优势，能源输送稳定，安装配套方便，能够应对大面积的负荷需求与突发情况，在负荷峰值时还可以作为调峰能源进行使用。除此之外，大型酒店、宾馆中，对燃气还有着一定的需求，生活热水、厨房后厨等都需燃气网的支持。

规划区域附近燃气供应充足，有良好的燃气管网布置，由于规划区是一个集商业、住宅、办公、酒店为一体的城市综合体，区域内燃气消耗主要为居民生活用气、公建用气，天然气的利用可以减少规划区的供能压力，冷热电三联供系统能够进一步提升燃气的转化效率，减少供电配置。

4.5　规划区负荷概况及系统选择

4.5.1　规划区负荷概况

该国际邮轮港在园区划分上，针对园区不同功能，划分为启动区、创新区、商业区三部分区域。启动区总面积为 77.5 公顷，是集商业、住宅、办公、娱乐等功能为一体的综合区域，负荷较为复杂，需求相对较高，对能源站整体规划也具有较高要求。同时，由于启动区作为此项目中最先规划与应用的部分，对园区后期的整体规划设计上极具参考价值，故选取启动区作为主要研究对象，分析其负荷需求。

在负荷需求分析上，采用 DeST 软件对规划区域进行负荷计算，并模拟用户行为所产生负荷波动，得到规划区一区负荷如下：

由图 4.3 可知，启动区最大冷负荷在中午 12 点，最大值为 65231kW，在下午 3 点负荷次之，为 64979kW，启动区从中午 11

时到下午 4 时负荷需求较高，系统基本处于高负荷运转状态，运载 6 小时以上，对机组的长时间供能能力、系统运载的稳定性，都有着较高的要求。

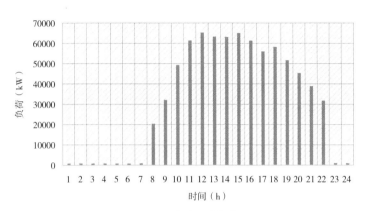

图 4.3 启动区冷负荷

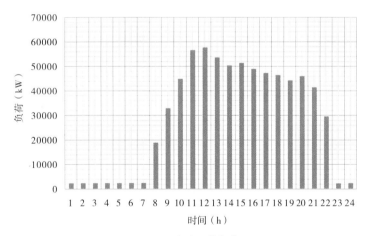

图 4.4 启动区热负荷

由图 4.4 可知，启动区最大热负荷在中午 12 点，最大值为 57633kW，在上午 11 点负荷次之，为 56751kW，启动区冬季热负荷需求高峰主要集中在 11 时至 13 时,14 时之后负荷波动较为平稳。在夜间,由于存在居民区,还需在 23 时至次日 7 时提供 2210kW 的热负荷。

冬季负荷趋势与夏季负荷趋势相比,虽然负荷需求高峰期较短,但是负荷整体基本处于较高水平,波动趋势也基本处于同一状况。由负荷需求可以看出,启动区负荷高峰基本处于中午与下午,夜间负荷需求相对很小,而负荷高峰期基本处于尖峰电、峰电时刻,用电处于电价全天最高时段,而在谷电时段,启动区负荷需求极小,大量机组闲余。由此可知,启动区的负荷特点为"午尖峰、晚高峰,夜无峰",蓄能装置有着极佳的使用条件,无需配置额外蓄能机组,在夜间可充分利用闲余机组进行蓄能。在负荷高峰期进行释能,做到"削峰填谷",降低启动区在高峰期的电力消耗,也起到缓解用电高峰期容易出现的电力波动,做到供能经济可靠,系统安全稳定。

4.5.2　规划区能源供应方式

根据启动区的负荷特点与其周围的资源分布情况,拟采用海水源热泵机组作为主要供能形式,启动区周围海水资源丰富,港区水质良好,海水源机组取水工程施工、用能转化方面有着较好的先天性条件,同时启动区负荷集中于日间,夜间谷电采用海水源机组进行蓄能,不仅能实现海水的高效利用,也符合因地制宜、因时制宜、经济节能的原则。与此同时,蓄能装置是启动区不可或缺的能源供能方式,针对启动区负荷特点做到高效蓄能,平衡电力需求,降低用能费用,是实现经济节能、绿色环保的重要措施。

在传统能源利用方面,燃气作为备用能源,将采用燃气冷热电三联供装置,其产生的电量将折抵一部分用电需求,同时回收发电余热,既可夏天供冷,亦可冬季供热,做到"温度对口,梯级利用",使燃气可以在装置中得到充分利用,减少热损失,也降低环境污染。在冬季,选择燃气锅炉作为备用热源,一来防止海水在极端工况下效率骤减,缓解能源供应压力;二来可以在负荷尖峰期稳定系统运行，同时还能满足酒店、宾馆等建筑的生活热水需求。

在电力资源利用方面，电制冷机组的使用可以在较低负荷时平衡系统整体的运行，同时选择适当的电制冷机组，能够减少海水源热泵一部分的初投资预算，使得系统整体经济性增加。作为备用冷源，制冷机组在应急、稳定运行、提高系统可靠性等方面都有着重要作用。

根据以上分析，启动区最终的供能方案为海水源热泵、电制冷机组、蓄能装置、三联供装置与燃气锅炉装置的组合，其如图 4.5 所示。

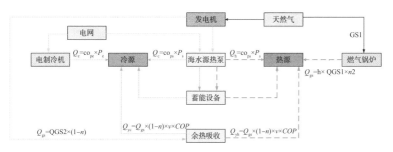

图 4.5　启动区能源供应方式

如图 4.5 中所示，夏季，采用海水源热泵在日间供冷，在夜间进行蓄能；电制冷机组作为备用能源，起到能源补充与稳定系统作用；采用三联供系统在日间供电，削减机组的用电需求，同时提供一定的冷量来满足负荷需求；蓄能装置在夜间视为负荷需求，在日间释放冷量减少机组台数。同理，在冬季，采用燃气锅炉作为备用能源、海水源热泵、三联供系统与蓄能装置作用仍与夏季相同，给用户侧提供所需热量。

以规划区一区为例，建立系统各形式流图，如图 4.6 所示，系统表面为能量流、电力流单向流动，内部则蕴含资金流，资金流是各形式流的基础。资金流的最终目的是权衡投入与产出的比例，以最低投入获得最大产出为目标，寻求最大收益，若总流动超过最大投资期望，或者小于最低收益期望，皆可判定整体为不可行系统；能量流中，各机组做到多能互补，互为备用，汇总后的能量流要满足用户侧负荷需求，同时不能超过各机组所能承担的最大出力特性，能量流是判断系统适用性的最主要指标，在满足资金流约束下，通过能量流对系统各方面进行对比优化，提升系统的适用性；电力流为系统对外界电力需求，主要衡量总体对外界电力的依赖性，电力流不能超过最大电力供给能力，在电力产生的能量流一定的情况下，电力流越低，系统整体越趋向于节能与经济。

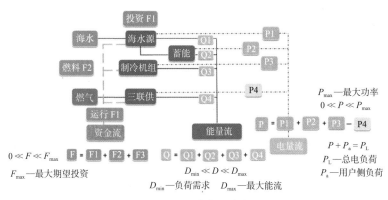

图 4.6　系统各形式流

根据供应方式，以用户负荷需求、机组最大运行功率作为约束条件，以全寿命期成本作为计算函数，建立相应的数学模型，模型中资金流用全寿命期成本作为衡量方式，能量流用机组制冷（热）量作为衡量方式，电力流用机组额定功率作为衡量方式。除此之外，引入碳排放和能源利用率等作为能效决策条件，使得系统整体兼顾经济与节能。

4.5.3　项目分析与计算

以此项目为例，优化目标函数为全寿命期成本函数，自变量为不同设备的系统机组容量，在单台额定容量一定的情况下，将系统机组容量视为不同机组的台数变化，即通过选用不同的台数控制所需要的机组容量，可对公式做进一步简化，将供能量变为台数 x_i 的函数：

$$Q(x_i) = \sum_{i=1}^{n} x_i = COP_i P_i \qquad (4\text{-}1)$$

式中　$Q(x_i)$——不同机组的最大供能能力，kW；

x_i，COP_i，P_i——不同机组的配置台数；不同机组的能效比；不同机组的额定容量，kW。

　　决策空间中，根据每台机组的出力特性，其上限为该机组可选用的最大台数，即用此机组承担全部负荷下最大装机容量，对应的最大机组台数；其下限为该类型机组最低使用台数，默认取值为1。在夏季，电制冷机组、海水源热泵机组、三联供机组台数分别用 N_1、N_2、N_3 来表示，其相应的决策空间上限分别为17、17、68；在冬季，海水源热泵机组、冷热电三联供机组、燃气锅炉台数分别用 W_1、W_2、W_3 来表示，其相应的决策空间上限分别为16、57、9。在计算时，由于蓄能池所能提供的能量总值为固定值，在白天视其为供能装置的情况下，将全天所需冷（热）负荷减去其相应提供的负荷数量，对计算进行简化，但在夜间需要将其视为负荷需求，因此在原有基础上增加以下约束条件：

$$x_{\text{sea}} COP_{\text{sea}} P_{\text{sea}} h \geqslant Q_{(\text{store})} \qquad (4\text{-}2)$$

式中　　$Q_{(\text{store})}$——蓄能装置的最大蓄能量，kW；

x_{sea}，COP_{sea}，P_{sea}——海水源机组的配置台数；能效比；与其相应的额定容量，kW；

h——海水源热泵蓄能开启时间，h。

　　作为约束条件，将式子转化为如下形式：

$$Q(\text{store}) - x_{\text{sea}} COP_{\text{sea}} P_{\text{sea}} h \leqslant 0 \qquad (4\text{-}3)$$

该项目机组具体设定参数如表 4.6 所示。

项目每台机组具体设定参数　　　　　　　　表 4.6

机组	制冷量（kW）	制热量（kW）	发电量（kW）	额定功率（kW）
海水源热泵	4000	3760	—	1000
制冷机组	4000	—	—	1200
燃气锅炉	—	7000	—	—
三联供机组	1000	1100	1000	—

该项目所在地区燃气费当前以 3.68 元 /m³ 为计，其电费如表 4.7 所示。

项目所在地区不同时段的电费　　　　　　　表 4.7

	时间	价格（元 /kWh）	执行条件
低谷时段	23：00 ～ 7：00	0.41	
高等时段	8：30 ～ 11：30 16：00 ～ 21：00	1.34	
尖峰时段	10：30 ～ 11：30 19：00 ～ 21：00	1.43	每年 6 ～ 8 月
平峰时段	7：00 ～ 8：30 11：30 ～ 16：00	0.84	

对规划区进行能源系统容量设计优化之前，根据相关资料及文献[8]，做以下假设：

（1）假定蓄能装置的热损失率为 10%，包括管网输送的能耗损失。

（2）冷热电三联供机组生产的电力，全部提供给海水源热泵，抵消其一部分大电网负荷消耗，剩余用电均来自电网供电。

（3）利率选取 4% 计算。

运行算例一的优化模型，经计算后，得到结果如下所示：

$$X = (6.4, 3.6, 1.3, 2.5)$$

根据机组之间的相关性，在满足冬夏季负荷的情况下，将小数进行规整，得到如下方案1与方案2，并列举之前进行的传统能源规划方案，如表4.8所示。

三种能源方案规划 表4.8

机组	方案1	方案2	传统方案
海水源热泵（台）	7	6	6
制冷机组（台）	3	4	4
燃气锅炉（台）	1	2	4
冷热电三联供（台）	3	3	3
蓄能（kWh）	166000	166000	144000

4.5.4 方案分析

选取以往传统方案与方案1、方案2进行比较，在传统方案中，夏季供能主要来源为制冷机组为主，海水源热泵为补充，并在夜间为蓄能池蓄冷；而在冬天，供能主要来源为燃气锅炉＋蓄能，海水源热泵主要用于夜间蓄能，日间运行较少；在冬夏两季，三联供机组均为系统提供额外电力以缓冲电力需求，并且提供一部分冷（热）量缓解用能需求，方案具体如表4.9所示。

传统方案机组选型 表4.9

传统方案	海水源热泵	三联供系统	制冷机组	燃气锅炉	蓄能
台数	6	3	4	4	1（套）

通过图4.7可以看出，传统规划方案无论是静态折旧费用、年运行费用还是年总费用，均为各方案中投资最高值。与传统规划方案相比，经过粒子算法优化后的方案由于大量采用可再生能源，在夏季提升了系统总的制冷效率；在冬季，可再生能源为主要供能方式后，系统整体对燃气的需求量大幅度减小，同时由于对蓄能装置

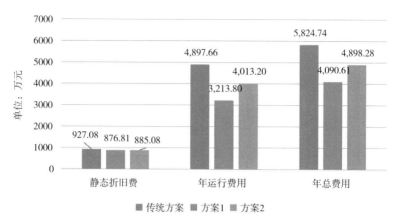

图 4.7　三种方案资金流经济性指标分析

的充分利用，使得系统整体经济性与节能性大幅上升，传统能源规划方案在资金流分析上变得毫无优势。

在静态折旧费方面，方案一与方案二相差无几，方案二仅比方案一每年高出 1% 的静态折旧费，每年节省 8.27 万元。而在年运行费用上，方案二却比方案一高出 29%，方案一比方案二每年节省了近 800 万元。方案一比方案二的主要优势在于可再生能源机组系统容量配置增加，在夏季降低了制冷机组的耗电量，提升了系统整体的运行效率；在冬季，减少燃气锅炉的使用，而改用海水源热泵供热，相应降低了燃气的消耗，虽然提升了一定的电力消耗，但是运行成本却随之降低。通过比较，在资金流经济性指标方面，方案一无论在静态折旧费用、年运行费用上均为最低值，从经济角度考虑方案一为最优方案。

在环保性上，针对三个不同方案进行碳排放计算。其中，天然气碳排放系数取 0.194kg/（kWh），电力碳排放系数取 0.42kg/（kWh），具体结果如图 4.8 所示。

由图 4.8 可以看出，在总碳排放上，传统方案最低，方案一与方案二每年分别比其多排放 1059t 与 1179t 碳，由于传统规划方案

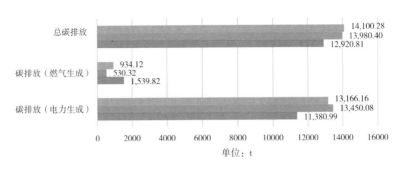

图 4.8　三种方案碳排放量指标分析

大量使用锅炉供热，其燃气生成的碳排放量最高，但其电力生成量最低。方案一、方案二两者在年碳排放量上均不如传统方案，原因为驱动可再生能源需要电力等高品位能源输入，而园区的电力资源绝大多数均为电网获取，缺少可再生能源发电措施，而在使用电网电力过程中，煤炭发电站等其本身就是较为严重的碳排放源，虽然方案中均使用清洁能源，但其仅对规划区范围内的环境污染较小，而对整个环境还有着不同程度的污染。通过比较，在碳排放量指标方面，传统方案均为最低值，从环保角度考虑，传统方案为最优方案。

　　在能效性方面，选用单位供能量的燃气消耗与单位供能量的电力消耗作为比较指标，其计算方法为总耗能／总产能，其物理含义为每产生单位能量所需要消耗的资源，其比值越低，说明系统中对燃气或者电力利用效率越高，同时也说明系统整体对外界能源依赖度低，如图4.9、图4.10所示。

　　由图可以看出，方案一与方案二在燃气消耗与电力消耗方面均占有优势，单位能量燃气消耗上方案二最低，单位能量电力消耗上方案一最低。由于各方案对燃气的使用不一，在方案二中，燃气开启时间与燃气的利用效率最高；在电力消耗中，由于方案一对可再生能源利用的提升，系统整体的耗电量下降，在满足负荷需求的同时，也降低了能源消耗，保持经济性与能效性的统一。在传统方案方面，其电力消耗最高，燃气次之，针对三者能效性分析无法单独

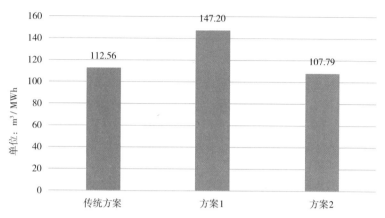

图 4.9 三种方案单位能量燃气消耗分析

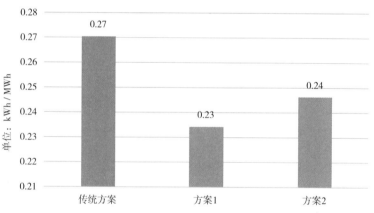

图 4.10 三种方案单位能量电力消耗分析

给出其综合最优结果。所以,从燃气消耗上看,方案二为最优方案;从电力消耗上看,方案一为最优方案。

从经济性、环保性、能效性分析上来看,传统的单一评价指标难以对三种方案做到全面的衡量,三者在不同的评价指标表现上均有高低之分,并没有某一方案全面占优。故需采用第四章中的综合能源系统评价指标,对三种方案的经济性、环保性、能效性进行综合评估评价。将三种方案各自的资金流经济性、碳排放量、单位能源燃气消耗、单位能量电力消耗形成矩阵 Y，并在其基础上，求出标准化矩阵 Y'，消除各参数之间的数量级差距影响，如表 4.10、表 4.11 所示（结果保留两位小数）。

经济性、环保性、能效性矩阵 Y　　　　　　　表 4.10

资金流经济性 （万元）	碳排放量（t）	单位能量燃气消耗 （m³/MWh）	单位能量电力消耗 （kWh/ MWh）
5824.7	12920814.7	112.56	0.27
4090.6	13980403.4	147.20	0.23
4898.3	14100283.1	107.79	0.24

经济性、环保性、能效性标准化矩阵 Y'　　　　　表 4.11

资金流经济性	碳排放量	单位能量燃气消耗 （m³/MWh）	单位能量电力消耗 （kWh/ MWh）
0.70	1	0.95	0.86
1	0.93	0.73	1
0.83	0.91	1	0.95

通过式（3-14）、式（3-15），对标准化矩阵 Y' 求解，得到三种方案的经济性、环保性、能效性客观权重，如表 4.12 所示。

经济性、环保性、能效性的客观权重　　　　　表 4.12

	资金流经济性	碳排放量	单位能量燃气消耗	单位能量电力消耗
权重	0.26	0.25	0.25	0.24

在客观权重计算中，最终得到的各因素权重值基本差较小，也同时可以验证在层次性分析中所做的经济性、环保性、能效性判断矩阵的可信度较高，也说明能源云技术本身对经济性、环保性、能效性三者均有侧重，做到经济、环保、能效协调统一。

本案例中,主观权重采用3.4.1节算法二计算得到的层次分析法权重,所得主观权重与客观权重如表4.13～表4.15所示。

经济性、环保性、能效性的主、客观权重 表4.13

权重 \\ 指标	资金流经济性	碳排放量	单位能量燃气消耗	单位能量电力消耗
客观权重	0.26	0.25	0.25	0.24
主观权重	0.46	0.24	0.13	0.17

据式(3-17)～式(3-20)计算后,得到参数如表4.14所示,将其带入式(3-16),计算得到最终的综合能源系统评价权重,最终结果如表4.15所示,结果均保留两位小数。

主、客观权重重要度计算 表4.14

p	q	$\bar{p}$	$\bar{q}$
2.71	2.71	0.50	0.50

经济性、环保性、能效性的综合权重 表4.15

权重 \\ 指标	资金流经济性	碳排放量	单位能量燃气消耗	单位能量电力消耗
客观权重	0.26	0.25	0.25	0.24
主观权重	0.46	0.24	0.13	0.17
综合权重	0.36	0.24	0.19	0.21

综合主、客观权重后计算出的综合权重,合理的衡量了各因素之间的权重关系,由表4.15可以看出,在综合能源系统评价中,经济性仍旧是考核一个项目的关键因素,资金流决定能源规划是否值得投资与运行,是考察规划区系统可行性的重要参数,也是核心参数;在能效性与环保性的对比中,环保性的权重更高,也是能源云技术规划中更为重视的,同时,能效性作为系统适应性的衡量标准,

系统对电力消耗更为敏感，虽然其权重略低于环保性，但重要程度不分上下，燃气消耗中由于可再生能源对高品位电力依赖较大，故在系统中对燃气消耗敏感度较低,但也是重要的参考指标。从表4.15得出，对于此规划区而言，综合能源系统评价中各项重要性排列如下：资金流经济性＞碳排放量＞单位能量电力消耗＞单位能量燃气消耗。

计算综合权重后，采用组合权值对三个方案进行综合能源系统评价，与矩阵 Y' 计算后，得到如表4.16所示结果。

各方案综合能源系统评价数值　　　　　　表 4.16

方案	传统规划方案	方案一	方案二
综合能源系统评价	0.86	0.93	0.91

从综合能源系统评价数值可以看出，方案一综合经济性、节能性、能效性三因素后分数最高，为该项目区域系统最优容量配置，故推荐方案一作为该规划区最终方案。

参考文献

[1] 刘雪玲．海水源热泵系统相关设备传热研究 [D].天津：天津大学，2011.

[2] 张洪涛，施志钢，胡松涛，等．浅滩毛细管前端换热器换热数值模拟研究 [J].青岛理工大学学报，2016，37（04）：104-107.

[3] 白振鹏，王海英．浅埋式毛细管换热器适宜性研究 [J].青岛理工大学学报，2017，38（03）：70-73.

[4] 谢元兵．青岛市海水源热泵供热适用性研究 [D].青岛：青岛理工大学，2016.

[5] 唐安民．城市污水源热泵在建筑节能中的应用 [J].供热制冷，2017，（11）：24-27.

[6] Kennedy J，Eberhart R．Particle swarm optimization[C]// IEEE International Conference on Neural Networks，1995. Proceedings. IEEE，2002：1942-1948 vol.4.

[7] 王如竹，王丽伟，蔡军，等．工业余热热泵及余热网络化利用的研究现状与发展趋势 [J].制冷学报，2017，38（2）：1-10.

[8] 梁浩，张峰，龙惟定．基于多能互补的区域能源系统优化模型 [J].暖通空调，2012，42（7）：67-71.

第5章 基于能源云技术的节能运行优化与管理

5.1 引言

能源云技术构架以充分利用可再生资源为着力点，提升高品位的能源利用率，降低对环境的污染。规划阶段，通过对供应侧与需求侧的初步分析，以满足用户的负荷需求作为最低条件进行机组配置；运行优化是能源云规划的延续，是能源云技术实现的手段，是能源云技术的重要组成部分。因此，本章提出"供应区"、"需求区"两个概念：凡是有能源供应站能够提供能量的区域即为"供应区"；凡是有能源需求的区域即为"需求区"，"X"对"Y"表示X个"供应区"对Y个需求区。

在能源系统运行优化过程中，能源网、信息网、交易网三网融于"供应区""需求区"中，如图5.1所示。信息网中，从需求侧来看，室外环境与用户行为引起"需求区"的负荷波动，其需求信息流入接受终端中；从供应侧来看，主要从价格体系与资源类型两方面入手，将经济性与环保性作为运行调节的优化指标，最终运行调节信息流入接受终端。交易网、能量网二者均具有双向性，从单区域能源系统来看，接受终端接收运行调节结果，使得"供应区"能量实时输入"需求区"，同时"需求区"的资金流入"供应区"；从多区域能源系统协调运行来看，当能量从其他"供应区"流入本"需求区"时，"供应区"之间也存在着资金交易。

能源云技术下要求由于不同用户负荷特性不同，导致能源系统的运行特性各异时，实现各能源系统各种能源间的互联互通互补。

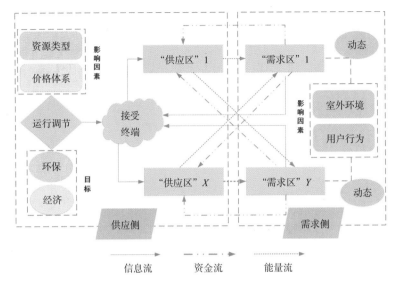

图 5.1　基于能源云的能源系统运行优化技术路线

能源系统彼此之间协调发展，在提高可再生能源的利用率的同时，促进可再生能源的合理消纳。

随着能源云技术的发展以及可再生能源的开发利用，能源云技术下的能源系统要求各区域之间实现能源的互联互通互补，不再满足于实现"一对一"模式下的能源分配，将多区域间热量整合、互联互通，对于能源系统在经济方面运行优化具有重要意义。在对多区域的能源系统进行优化分配过程中，首先需要确定"供应区"和"需求区"。

以区域间热量的优化分配为例进行分析，各能源系统协调关系如图 5.2 所示。能量依托于媒介（如水）通过短距离的管道传输，建立"供应区"与"需求区"之间的桥梁，充分发挥各区域自身优势，在满足自身负荷需求的同时，为周边其他地区提供能量，实现区域之间的协同优化运行，实现能量交互。

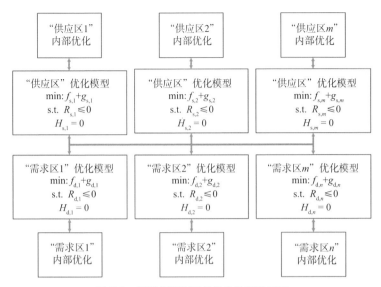

图 5.2 区域间能源系统优化协调关系图

5.2 基于能源云技术的能源系统运行优化调控模型

图 5.3 显示了能源云规划下的运行调节。在运行调节方面，接收端负责记录与接收用户侧数据，以时间为自变量，机组运行、蓄能状态作为因变量，用户负荷为约束条件。在不同的时间下，把能源系统分为随时间波动（如可再生资源、峰谷电等）、随时间转换（如蓄能装置，晚上视为负荷需求，白天则视为源端释能）、与稳态（如天然气等）三种类型，在不同时间根据用户负荷需求，做到多能在时间上的互补，同时优先开启能效高成本低的可再生能源系统，其他能源进行补充，保证系统运行整体的稳定。经需求分析后，接受端把满足此时刻下的运行方式输出，源端接收后根据其输出结果进行有效调整。

在 Matlab 粒子群算法基础上，针对用户侧负荷特点，进行机组运行的优化分析，以时间为自变量，在接收端输入不同时间下用户侧负荷，模拟在用户行为与环境变化下的负荷波动，机组装机容量确定的情况下，机组运行台数、种类、蓄能释能比作为因变量，针对不同时间，选取不同的运行策略[1]，最终将结果输入到源端。

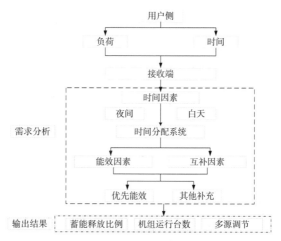

图 5.3　能源云规划下的运行调节

如以下算法 3 所示，在 Matlab 中建立接收端模型，采用条件嵌套语句，判别负荷输入时间与负荷需求，根据不同时间的运行策略进行计算，以能效优先、多能互补、安全稳定为运行计算原则，保证在满足用户负荷需求的情况下，做到经济节能，高效运行。

算法 3：接收端系统判断调节

输入：时间 T，负荷 N；

输出：各机组运行情况，蓄能装置释能比；

1 判断时间；

2 判断各机组能效；

3 if T=8&&22；

4 优先开启三联供机组；

5 按能效参数机组依次开启，若均不满足，则开启蓄能；

6 if T=23&&7；

7 计算机组蓄能台数；

8 计算机组运行供能台数；

9 输出结果

5.3 供能系统运行调节案例分析

　　根据算法 3，制定该项目运行路线图如 5.4 所示。计算结果如图 5.5、图 5.6 所示，分别为启动区夏季机组运行情况与调节、启动区冬季机组运行情况与调节。从图中可以看出，可再生能源得到充分利用，在夜间进行低谷电蓄能，缓解日间负荷需求压力，在白天优先使用可再生能源提升系统效率；同时，合理的系统运行调节做到了多源互补，三联供系统在缓解用电压力上和弥补用户用能需求上起到了重要作用，制冷机组、燃气锅炉在系统稳定运行和灵活调节上起到了重要作用。

　　系统冬夏两季整体运行策略如下：夜间 23 点至次日 7 点，利用低谷电价，采用海水源热泵进行蓄能；在日间开启三联供机组，降低整体电力消耗，同时提供一部分冷（热）量；日间，优先开启海水源热泵对用户供能，随着时间的变化，负荷随之波动，海水源热泵开启台数也随之逐渐上升；当海水源热泵达到出力顶峰时，再开启传统能源机组（制冷机组、燃气锅炉）进行补充，稳定系统运行的同时满足用户侧需求，同时开启蓄能装置，用夜间的低谷电能量弥补日间高峰、尖峰负荷区域负荷需求，降低用户侧对机组的依赖，

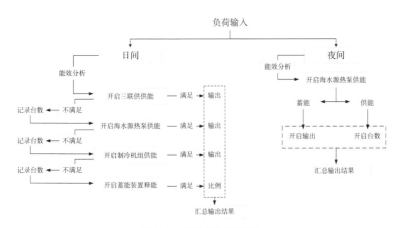

图 5.4 系统运行路线图

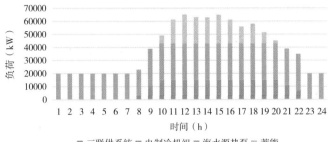

图 5.5　启动区夏季机组运行情况与调节

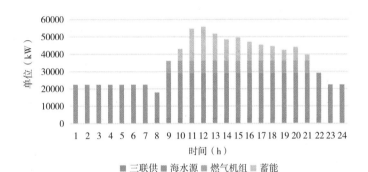

图 5.6　启动区夏季机组运行情况与调节

同时做到降低机组容量配置，也降低了系统整体的运行消耗。

在夏季，系统整体运行情况如表 5.1 所示。

夏季系统整体运行情况　　　　　　　　　表 5.1

	1 点至 7 点	8 点	9 点至 22 点	23 点至 24 点
海水源热泵（台）	5	5	7	5
制冷机组（台）	0	3	3	0
三联供机组（台）	0	3	3	0

蓄能释放比例如表 5.2 所示。

夏季蓄能释放比例										表5.2
时间	10	11	12	13	14	15	16	17	18	19	20
比率（%）	3.73	11.1	13.4	12.2	12.1	13.2	11.0	7.80	9.12	5.16	1.37

在冬季，系统整体运行情况如表5.3所示。

冬季系统整体运行情况					表5.3
	1点至7点	8点	9点至21点	22点	23点至24点
海水源热泵（台）	6	4	7	7	6
燃气锅炉（台）	0	0	1	0	0
三联供机组（台）	0	3	3	3	0

蓄能释放比例如表5.4所示。

冬季蓄能释放比例											表5.4
时间	10	11	12	13	14	15	16	17	18	19	20	21
比率（%）	5.20	14.00	14.90	11.80	9.30	10.10	8.30	7.00	6.35	4.72	6.00	2.57

通过运行调节分析，针对夏季与冬季情况做出合理的调控，不仅是满足系统经济性的要求，也是对资源的进一步合理分配与利用。针对不同的情况、不同的时间，开启不同的机组与蓄能装置，做到多能互补，互利互惠，从系统源侧调节满足用户侧的需求，从而提供给用户最为经济的能源。

5.4 能源系统运行优化模型

5.4.1 单区域能源系统运行优化模型

（1）目标函数

目前，在实现区域近期规划过程中，大部分能源站根据近期规划的负荷占比进行建设，优先建立负荷较大区域的能源站。一般采用能源系统为"一对一"或"一对多"的能源分配传输模式（即一个"供应区"对应一个或多个"需求区"）。对于整个能源系统的运行优化，可以看作是单位时间内的能源分配问题，其关键在于该时刻各能源设备的出力情况以及确定何时应该购买、转换、储存或释放多少能量。针对考虑电力费用与燃料费用的"一对一"模式建立目标函数如下：

$$\min C = \sum_{t=1}^{T} C_t^{\mathrm{E}} + C_t^{\mathrm{F}} = \sum_{t=1}^{T} P_t^{\mathrm{PG}} c_t^{\mathrm{E}} + V_t^{\mathrm{F}} c_t^{\mathrm{F}} \qquad （5\text{-}1）$$

式中　C^{E}——从电网购电运行成本，元 /kWh；

　　　C^{F}——燃料消耗费用，元 /Nm³；

　　　P_t^{PG}——系统与电网交换的功率，kW；

　　　c_t^{E}——t 时段内的分时电价，元 /kWh；

　　　c_t^{F}——t 时段内单位消耗燃料价格，元 /Nm³；

　　　V_t^{F}——t 时段内的燃料消耗量。

（2）约束条件

1）运行逻辑约束

利用通用模型进行计算时，第一步需判断各设备是否参与此能源系统。运行逻辑变量 λ_t 表示机组在运行过程中的使用情况，对应的机组运行取 1，停机时取 0，即

$$\lambda_t = \begin{cases} 0, & \text{停机时} \\ 1, & \text{开机时} \end{cases} \qquad （5\text{-}2）$$

2）能量约束

能量约束主要从热网、燃气网、电网三网的能源以及可再生能源的就地利用进行分析。均假设末端用户与供能距离足够短，管网的损失另行考虑。

①热量平衡约束

能源系统各设备供热量与需求侧热负荷始终相匹配，其中，蓄热时热负荷减去蓄能装置的蓄热量，释热时部分热负荷由蓄能装置

提供。

$$Q_t^{HL}=Q_t^{HN}+Q_t^{HE}+Q_t^{HF}+Q_t^{HS, \ out} \cdot \eta_t^{HS, \ out} - Q_t^{HS, \ in}/\eta_t^{HS, \ in} \qquad （5-3）$$

式中　Q_t^{HN}——热网供热量，kW；

$\qquad$ Q_t^{HE}——耗电设备（热泵、电锅炉、冷水机组等）供热量，
$\qquad\qquad$ kW；

$\qquad$ Q_t^{HF}——消耗燃料设备（燃气锅炉、三联供机组等）供热量，
$\qquad\qquad$ kW。

②冷量平衡约束

能源系统各设备供冷量与需求侧冷负荷始终相匹配，其中，蓄冷时冷负荷减去蓄能装置的蓄冷量，释冷时部分冷负荷由蓄能装置提供。

$$Q_t^{CL}=Q_t^{E, \ CL}+Q_t^{F, \ CL}+Q_t^{CS, \ out} \cdot \eta_t^{CS, \ out} - Q_t^{CS, \ in}/\eta_t^{CS, \ in} \qquad （5-4）$$

式中　$Q_t^{E, \ CL}$——耗电设备供冷量，kW；

$\qquad$ $Q_t^{F, \ CL}$——耗燃气设备供冷量，kW。

③电量平衡约束

能源系统内各设备供电量与电负荷需求量始终相等。

$$P_t^{EL}+P_t^{HL}=P_t^{PG}+P_t^{CCHP}+P_t^{RE} - P_t^{ES, \ c}/\eta_t^{ES, \ c}+P_t^{ES, \ d}/\eta_t^{ES, \ d} \qquad （5-5）$$

式中　P_t^{EL}——纯电负荷，kW·h；

$\qquad$ P_t^{HL}——耗电制冷 / 热设备功率，kW·h；

$\qquad$ P_t^{PG}——从电网购电量，kW·h；

$\qquad$ P_t^{CCHP}——耗燃料设备功率，kW·h；

$\qquad$ P_t^{RE}——可再生能源发电量，kW·h。

其中，蓄电时电负荷减去蓄电池的蓄冷量，放电时部分电负荷由蓄电池提供。

3）设备能力约束

对各能源设备最小、最大出力进行限制，能够保证整个系统的安全稳定运行。其中，燃气锅炉、燃气轮机的负荷率按行业内经验最小取 0.2，最大取 1；其余设备的负荷率最小为 0，最大为 1。

①冷热电三联供

燃气发电机在实际使用过程中，考虑其安全运行及使用寿命，需设置最小及最大功率约束：

$$\lambda_t^{CCHP} \cdot P_t^{CCHP, \, min} \leqslant P_t^{CCHP} \leqslant \lambda_t^{CCHP} \cdot P_t^{CCHP, \, max} \qquad （5\text{-}6）$$

式中　$P_t^{CCHP, \, max}$、$P_t^{CCHP, \, min}$——燃气发电机发电量上、下限，kW。

②燃气轮机的爬坡约束为

$$P_t^{CCHP} - P_{t-1}^{CCHP} \leqslant P^{up} \qquad （5\text{-}7）$$
$$P_{t-1}^{CCHP} - P_t^{CCHP} \leqslant P^{down} \qquad （5\text{-}8）$$

式中　P_t^{CCHP}、P_{t-1}^{CCHP}——燃气轮机在 t 时刻和 t-1 时刻的出力功率，kW；

　　　　P^{up}——燃气轮机在 1h 内的功率增幅最大值，kW；

　　　　P^{down}——燃气轮机在 1h 内的功率降幅最大值，kW。

③可再生能源设备

$$\lambda_t^{HP} Q_t^{HP, \, min} \leqslant Q_t^{HP} \leqslant \lambda_t^{HP} Q_t^{HP, \, max} \qquad （5\text{-}9）$$

式中　$Q_t^{HP, \, max}$、$Q_t^{HP, \, min}$——热泵机组耗电量上、下限，kW。

④燃气锅炉

$$\lambda_t^{B} Q_t^{B, \, min} \leqslant Q_t^{B} \leqslant \lambda_t^{B} Q_t^{B, \, max} \qquad （5\text{-}10）$$

式中　$Q_t^{B, \, max}$、$Q_t^{B, \, min}$——锅炉供热量上、下限，kW。

⑤电锅炉 / 冷水机组

电锅炉：

$$\lambda_t^{\text{EB}} P_t^{\text{EB, min}} \leqslant P_t^{\text{EB}} \leqslant \lambda_t^{\text{EB}} P_t^{\text{EB, max}} \quad (5\text{-}11)$$

式中　$P_t^{\text{EB, max}}$、$P_t^{\text{EB, min}}$——电锅炉耗电量上、下限，kW。

冷水机组：

$$\lambda_t^{\text{ER}} Q_t^{\text{ER, min}} \leqslant Q_t^{\text{ER}} \leqslant \lambda_t^{\text{ER}} Q_t^{\text{ER, max}} \quad (5\text{-}12)$$

式中　$Q_t^{\text{ER, max}}$、$Q_t^{\text{ER, min}}$——冷水机组供冷量上、下限，kW。

⑥蓄能装置

a. 蓄能装置应满足 SOC 约束，蓄能量不应超过其对应的设备容量。

$$S_t^{\text{S, min}} \leqslant S_t^{\text{S}} \leqslant S_t^{\text{S, max}} \quad (5\text{-}13)$$

式中　$S_t^{\text{S, max}}$、$S_t^{\text{S, min}}$——蓄能装置蓄能量的上、下限，kW。

b. 蓄能（释能）过程中，蓄能装置的能量不能超过其总容量。

$$0 \leqslant Q_t^{\text{S, in}} \leqslant Q^{\text{S}} \quad (5\text{-}14)$$

$$0 \leqslant Q_t^{\text{S, out}} \leqslant Q^{\text{S}} \quad (5\text{-}15)$$

c. 保证每个循环周期从开始到结束时刻蓄能装置能量相等。

$$S_{24}^{\text{S}} = S_0^{\text{S}} \quad (5\text{-}16)$$

最小蓄能量为蓄能装置的初始蓄能量，通过经济优化可保证自然成立，固不需要在模型中增加该约束条件[8]。

5.4.2 多区域能源系统运行优化调度模型

在处理多区域间能源系统运行优化分配问题时，能量"供应区"与"需求区"属于不同的利益主体，各自有其自身优化目标；同时，他们之间通过管道进行热力传输，实现运行耦合，并使得多个区域能源系统的总体运行成本最优。"供应区"机组提供能量；"需求区"从"供应区"取热满足其能量需求。对于该问题的求解方法为引入解耦变量，将相关联的问题转化成两个独立的单层规划问题。

（1）"供应区"与"需求区"解耦

由于"供应区"与"需求区"存在运行耦合关系，二者之间的分配相互耦合，不能独立求解，因此可采用图 5.7 所示的解耦机制实现系统间的解耦。从"供应区"角度出发，管路传输能量可等效为虚拟负荷 Q_t^{sp}，从"供应区"获取能量；从"需求区"角度出发，管路传输能量可等效为虚拟机组 Q_t^{dp}，向"供应区"供能。即管路传输的能量分别等效为虚拟负荷与虚拟机组，并在"供应区"与"需求区"优化模型中求解。

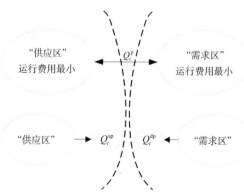

图 5.7 "供应区"与"需求区"解耦机制

优化通常选用经济性与环保性两个指标，其中，经济性指标用能源系统运行成本表示，环保性指标用环境代价表示。其中，环境代价的定义为污染物的环境价值估算价格与污染物排放总量的乘积，并将其作为环保性指标，环境代价越小，环境效益越好。借用美国环境价值方法估算我国污染气体环境价值[2]，气体污染物环境价值如表 5.5 所示。

环境价值标准表			表 5.5
污染物	CO_2	SO_2	NO_x
环境价值（元/kg ce）	0.023	6	8

注：截至 2017 年底，我国燃煤发电量占总发电量的 71.84%[3]，故本次计算中的电力来源于燃煤发电厂，即将电力折算为标准煤耗量。

下面将分别对"供应区"与"需求区"调度模型进行分析。

（2）能量"供应区"模型

1）目标函数

①经济性目标函数

"供应区"作为各能源系统的能量来源，其存在价值为满足周边的负荷需求。"供应区"的调度目标是机组的运行成本以及向"需求区"传输能量成本之和最小，因此，可以将"供应区"的目标函数描述为

$$\min E^S = E^{S, u} - E^{sell} \quad (5-17)$$

式中　E^S——"供应区"的总费用；

　　$E^{S, u}$——"供应区"机组运行成本；

　　E^{sell}——"供应区"向"需求区"通过管路传输能量所获得的收益。

$$E^{S, u} = C^E \cdot P^E + C^G \cdot V^G \quad (5-18)$$

$$E^{sell} = C^{sell} \cdot \sum_{i=1}^{m} Q^{p, i} \quad (5-19)$$

式中　C^E——逐时电价，元 /kWh；

　　　C^G——燃气价格，元 /Nm³；

　　　P^E——"供应区"耗电机组耗电量，kW；

　　　V^G——"供应区"燃气机组耗燃气量，m³；

　　　C^{sell}——向"需求区"传输单位热量的售价，元 /kW；

　　　$Q^{p,\,i}$——管路传输的能量，kW；

　　　m——为"需求区"数量。

②环保性目标函数：

将"供应区"各设备排放的 CO_2、SO_2、NO_x 气体的环境代价之和最小作为目标函数：

$$\min EN^S = EN^{S,\,CO_2} + EN^{S,\,SO_2} + EN^{S,\,NO_x} \tag{5-20}$$

式中　$EN^{S,\,CO_2}$、$EN^{S,\,SO_2}$、$EN^{S,\,NO_x}$——排放 CO_2、SO_2、NO_x 气体的环境代价。

$$EN^{S,\,CO_2} = \xi_1 \cdot \varphi_1 \cdot a \tag{5-21}$$

$$EN^{S,\,SO_2} = \xi_2 \cdot \varphi_2 \cdot b \tag{5-22}$$

$$EN^{S,\,NO_x} = \xi_3 \cdot \varphi_3 \cdot c \tag{5-23}$$

式中　ξ_1、ξ_2、ξ_3——单位标准煤排放 CO_2、SO_2、NO_x 的气体质量，kg 气体 /kgce；

　　　φ_1、φ_2、φ_3——CO_2、SO_2、NO_x 环境价值，元 /kgce；

　　　a、b、c——"供应区"各设备耗电量 / 耗燃气量的等效标准煤质量，kgce。

2）约束条件

与区域内能源系统优化约束相同，它们的运行主要受机组容量的限制；不同的是区域间需考虑管路传输能力约束，其约束条件如下：

①能量平衡约束

$$Q^{\text{S, u}} - \sum_{i=1}^{m} Q^{\text{p, }i} = Q^{\text{S, L}} + \sum_{i=1}^{m} Q^{\text{w, }i} \qquad (5\text{-}24)$$

式中　$Q^{\text{S, u}}$——机组供应热量，kW；

　　　$Q^{\text{S, L}}$——"供应区"负荷，kW；

　　　$Q^{\text{w, }i}$——各管路传输损失，kW。

②"供应区"机组供能量上下限约束

$$0 \leqslant Q^{\text{E}} \leqslant Q^{\text{E, max}} \qquad (5\text{-}25)$$

$$0.3Q^{\text{G, max}} \leqslant Q^{\text{G}} \leqslant Q^{\text{G, max}} \qquad (5\text{-}26)$$

式中　$Q^{\text{E, max}}$——耗电机组供热量，kW；

　　　$Q^{\text{G, max}}$——耗燃气机组容量，kW。

③管道传输能力约束

$$Q^{\text{p}i\text{, min}} \leqslant Q^{\text{p}i} \leqslant Q^{\text{p}i\text{, max}} \qquad (5\text{-}27)$$

$$Q^{\text{p}i\text{, min}} = Q^{\text{w, }i} \qquad (5\text{-}28)$$

$$Q^{\text{p}i\text{, max}} = Q^{\text{E, max}} + Q^{\text{G, max}} - Q^{\text{S, L}} \qquad (5\text{-}29)$$

式中　$Q^{\text{p}i\text{, min}}$——管道传输的能量下限，kW；

　　　$Q^{\text{p}i\text{, max}}$——管道传输的能量上限，kW。

（3）能量"需求区"模型

1）目标函数

①经济性目标

"需求区"作为负荷需求侧，通过协调周边"供应区"机组的出力满足其动态负荷需求。"需求区"的调度目标是机组的运行成本以及从"供应区"传输能量所需运行成本之和。因此，可以将"供应区"的目标函数描述为

$$\min E^{d}=E^{d,u}+E^{buy}+E^{w} \quad (5-30)$$

式中　E^{d}——"需求区"的总运行成本；

$E^{d,u}$——"需求区"机组运行成本；

E^{buy}——"供应区"向"需求区"通过管路传输能量需要的费用；

E^{w}——"需求区"承担的管路传输损失热量费用。

$$E^{d,u}=C^{E}\cdot P^{E}+C^{G}\cdot V^{G} \quad (5-31)$$

$$E^{buy}=C^{buy}\cdot Q^{p,i} \quad (5-32)$$

$$E^{w}=C^{E}\cdot P^{w,i} \quad (5-33)$$

式中　C^{buy}——从"供应区"购买单位热量所需费用，元/kW，为管路损失热量消耗的机组功率。

②环保性目标

将"需求区"各设备排放的 CO_2、SO_2、NO_x 气体的环境代价之和最小作为目标函数：

$$\min EN^{d}=EN^{d,CO_2}+EN^{d,SO_2}+EN^{d,NO_x} \quad (5-34)$$

式中　EN^{CO_2}、EN^{SO_2}、EN^{NO_x}——排放 CO_2、SO_2、NO_x 气体的环境代价。

$$EN^{d,CO_2}=\xi_1\cdot\varphi_1\cdot d \quad (5-35)$$

$$EN^{d,SO_2}=\xi_2\cdot\varphi_2\cdot e \quad (5-36)$$

$$EN^{d,NO_x}=\xi_3\cdot\varphi_3\cdot f \quad (5-37)$$

式中 ξ_1、ξ_2、ξ_3——单位标准煤排放 CO_2、SO_2、NO_x 的气体质量，

kg 气体 /kg ce；

φ_1、φ_2、φ_3——CO_2、SO_2、NO_x 环境价值，元 /kg 气体；

d、e、f——"需求区"各设备耗电量 / 耗燃气量的等效标准煤质量，kg ce。

2）约束条件

①能量平衡约束

$$Q^{d,u} + \sum_{i=1}^{m} Q^{p,i} = Q^{d,L} \qquad (5\text{-}38)$$

式中 $Q^{d,u}$——"需求区"机组制热量，kW；

$Q^{d,L}$——"需求区"负荷，kW。

②机组供能量上下限约束

$$0 \leqslant Q^E \leqslant Q^{E,max} \qquad (5\text{-}39)$$

$$0.3Q^{G,max} \leqslant Q^G \leqslant Q^{G,max} \qquad (5\text{-}40)$$

③管道传输能力约束

$$Q^{pi,min} \leqslant Q^{pi} \leqslant Q^{pi,max} \qquad (5\text{-}41)$$

$$Q^{pi,min} = Q^{wi} \qquad (5\text{-}42)$$

$$Q^{pi,max} = Q^{E,max} + Q^{G,max} - Q^{S,L} \qquad (5\text{-}43)$$

5.5 运行优化算法

5.5.1 单区域能源系统运行优化

本文引入 0-1 辅助变量，采用混合整数线性规划算法进行优化

求解，该算法是整数线性规划的一种，其研究的是在约束条件下，目标函数求极值问题的数学方法和理论。线性规划是寻找将函数最小化的向量 x 的数学问题，其基本形式如下。

$$\min_x f^T x$$

$$\text{s.t.} = \begin{cases} A \cdot x \leqslant b \\ Aep \cdot x = beq \\ lb \leqslant x \leqslant ub \end{cases} \quad (5\text{-}44)$$

式中 A、b、Aep、beq 分别为线性不等式约束、线性等式约束的系数矩阵和向量；lb、ub 分别为 x 的上、下界。

在规划期做好区域内的用能需求分析、设备选型及容量配置的基础上，采用 Matlab 软件进行仿真，其优化工具箱中 Linprog 函数的调用格式如式（5-44）所示。最后得到不同场景下的运行结果，并对各优化变量、目标函数进行数据分析和图表处理。

$$[x, fval] = \text{linprog}(c, A, b, Aeq, beq) \quad (5\text{-}45)$$

算法具体步骤如下：

（1）可对用户负荷进行动态预测、实时测量，通过天气预报、实测温度等条件确定需求侧负荷；

（2）确定系统使用的能源转换设备类型及各设备容量大小；

（3）建立以总运行成本最小为目标函数的能源系统运行优化模型，且各设备满足约束条件；

（4）调用 Matlab 优化工具箱对模型进行求解计算，如果不满足目标函数要求，则继续按照黄金分割法继续迭代，直到有最优值对应的可行解则输出结果；

（5）将运行结果导出至 Excel 表格中，得出动态运行优化策略，并对结果进行计算分析，并将结果可视化为图表。

具体流程见图 5.8。

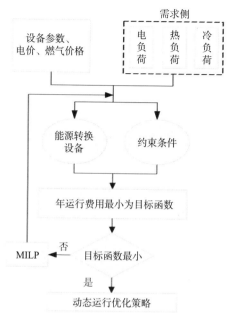

图 5.8 能源系统运行优化 MILP 算法流程图

5.5.2 多区域能源系统运行优化

多区域间协调优化运行本质上属于多目标优化问题，其包含了同一指标下不同地区的优化以及不同指标下的多目标优化。采用两阶段优化方法求解如图 5.9 所示。第一阶段采用线性加权法对评价函数求解，同时采用组合赋权法求解不同指标权重；第二阶段在其基础上采用模糊集理论的最大（小）算子法，求得综合经济性、环保性的最优解。最终实现"供应区"在满足自身需求的同时，可以为"需求区"提供能量，当分配结果在"需求区"不可实现，则"供应区"重新分配，直到分配的能量对其周边所有"需求区"可行，且区域整体费用相对较优。下面将分别对两种问题的求解进行介绍。

（1）线性加权法求单目标最优解

评价函数指以多个目标函数为自变量，构造出的一个新的目标函数，其能够综合反映所有目标函数情况。通过对评价函数进行优化，能够求解最优变量值。线性加权法的评价函数如下：

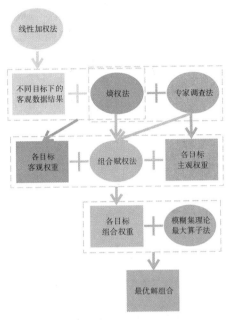

图5.9 两阶段优化方法流程图

$$F(x)=\sum_{i=1}^{m}\overline{\omega}_i f_i(x) \qquad (5\text{-}46)$$

式中 $\overline{\omega}_i$——各目标函数 $f_i(x)$ 的重要程度，$\overline{\omega}_i \geqslant 0$，且 $\sum_{i=1}^{m}\overline{\omega}_i=1$。

特殊地，当 $\overline{\omega}_i=\dfrac{1}{m}(i=1,2,\cdots,m)$ 时，评价函数为

$$F(x)=\frac{1}{m}f_1(x)+\frac{1}{m}f_2(x)+\cdots+\frac{1}{m}f_m(x) \qquad (5\text{-}47)$$

在实际能源系统的运行优化决策中，考虑各区域经济性、环保性的重要程度相同，因此在"供应区"、"需求区"的加权经济性目标函数与加权环保性目标函数中，权重均取0.5。

（2）组合赋权法确定权重

采用主观赋权法和上述介绍的客观赋权法相结合，确定各指标的综合权重系数，既避免了决策者的主观随意性对方案的影响，又有客观的数据支撑，可以保证得到较为合理且全面的方案权重。

由于运行优化是针对已规划区域能源系统从经济性、环保性两个方面进行分析，所以主观赋权宜采用专家调查法，综合多文献主观权重，将文献 [4] 的操作管理费归结到费用年值中；将文献 [5] 的初投资与年经营费归于费用年值，环境影响与安全性归结于环境代价；采用文献 [6] 的 3E 指标中的经济（economic）和环境（environment）两个指标权重；利用文献 [7] 中方案经济性、环保性权重，得到主观权值 w_j^*。采用加权平均法对上述四个主观权重计算，分别得到经济性与环保性的主观权重 $w_j' = (0.72, 0.28)$。

（3）模糊集理论的最大（小）算子法求多目标最优解

多区域间能源系统协调优化本质上是一个多目标规划问题，由于"供应区""需求区"经济性、环保性目标函数相互冲突，不存在最优解，因此考虑建立新的目标函数，将其从多目标规划转化为单目标规划问题，得到非劣解。

基于组合赋权法的多目标规划模糊最优解，采用 H. J. Zimmermann 提出的模糊集理论的最小算子法[8]，该方法首先分别对每个单目标进行求解，并将求得的最大、最小值作为各自规划目标的模糊区间，同时将多目标规划转化成如下形式：

$$\begin{cases} \min H_i(x) = A_i X, \ 且 \ H_i \in [H_{i\min}, H_{i\max}] \\ \text{s.t.} \quad B_i X \leqslant 0 \ (i=1, 2, \cdots, m) \end{cases} \tag{5-48}$$

构建隶属度函数形式如下：

$$u_i(x) = \begin{cases} 1, & H_i < H_{i\min} \\ \dfrac{H_{i\max} - H_i}{H_{i\max} - H_{i\min}} & H_{i\min} < H < H_{i\max} \\ 0, & H_i > H_{i\max} \end{cases} \tag{5-49}$$

在此基础上，引入目标函数模糊隶属度 θ_i，定义目标函数的模糊隶属度为

$$\theta_i = \frac{H_{i\,max} - H_i}{H_{i\,max} - H_{i\,min}} \tag{5-50}$$

由定义可知，$\theta_i \in [0, 1]$，当 θ 趋近于 1 时，F_i 趋近于 $F_{i\,min}$。模糊隶属度越大，表示目标函数值越接近决策者的期望值。上述多目标规划函数转变为如下形式：

$$\begin{cases} \max \sum_{i=1}^{m} \delta_i \cdot \theta_i \\ \text{s.t.}\quad B_r X - \theta\,(h_{i\,max} - h_{i\,min}) \geqslant h_{i\,min} \\ \quad\quad B_r X \leqslant 0\ (i=1,\ 2,\ \cdots,\ m) \end{cases} \tag{5-51}$$

其中，δ_i 表示不同目标对应的权重。

实际规划过程中，不同能源系统一般对不同规划目标的决策偏好程度不同，导致优化结果不同。在多目标规划过程中，可使用4.3.2 节中求解的在整体效益最优时各目标权重大小反映决策偏好程度。对于其他要求下的优化运行，也可以通过调整上述模糊期望区间反映决策者的偏好。例如，如果决策者看中经济目标，通过选取不同的 δ 值，将 F 的期望区间在原可行范围内调成为 $[F_{i,min}$，$F_{i,max} - \delta_i \cdot d_{H,i}]$（$d_{F,i} = F_{i,max} - F_{i,min}$），这样，规划求解结果将会倾向于经济目标，而另一目标的期望区间不变。

5.5.3　运行优化分析案例

仍以前述某国际邮轮港为例，实际运行过程中，面对测量设备测量的系统中用户的海量负荷数据，需选取代表性典型负荷曲线对其进行分析。本分析选取通过典型日负荷曲线选取日负荷率与月平均日负荷率最相近的，且负荷曲线没有出现畸变情况的日负荷曲线。应用混合整数线性规划算法求解，优化取 1h 为时间步长，对能源系统以 1 天 24h 为优化周期进行动态优化运行，选取

两种典型日负荷进行优化，在 Matlab R2018a 下运行，优化结果如图 5.10 ~ 图 5.13 所示。

（1）供热季典型日运行优化结果

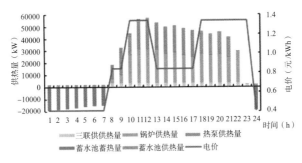

图 5.10 供热季典型日 1 运行策略

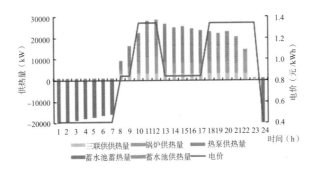

图 5.11 供热季典型日 2 运行策略

分析图 5.10、图 5.11 可知，典型日 1 负荷较大，低谷电时热泵机组在满足负荷需求的同时进行蓄热，但由于蓄能量有限，释能比为 0.4 时，蓄能装置无法满足所有高峰电价时刻负荷，因此在高峰电价、负荷大于机组总容量时，锅炉、热泵机组及三联供机组均开启满负荷运行模式。典型日 2 热负荷小，高峰电价时，热泵机组运行成本较高，释能比为 0.6 时，蓄能装置的蓄热量能够保证不开启热泵机组的同时满足高峰电负荷要求，达到节省运行成本的目的。

（2）供冷季典型日运行优化结果

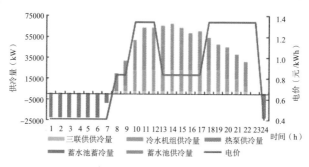

图 5.12　供冷季典型日 3 运行策略

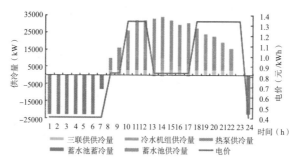

图 5.13　供冷季典型日 4 运行策略

分析图 5.12、图 5.13 可知，供冷季典型日 3 负荷较大，尽管 13：00 ~ 17：00 时刻处于非高峰电价，由于 10：00 ~ 19：00 时刻的负荷均超出了机组容量，因此需要蓄能装置释冷补充不足部分的冷负荷，释能比为 0.3 时可连续满足 10h 冷量需求。供冷季典型日 4 负荷降低，因此蓄能装置仅在高峰电价时蓄冷，不足部分开启热泵补充，释能比为 0.7。

（3）对比分析

将供冷季、供热季典型日以及年运行成本与原运行方案对比，如图 5.14、图 5.15 所示。

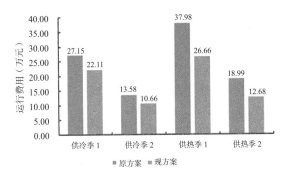

图 5.14 典型日运行成本对比

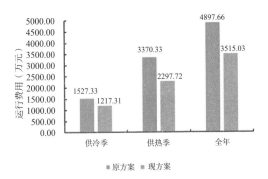

图 5.15 年运行成本对比

分析可知,各典型日运行成本均有所降低,现运行方案供冷季、供热季较原方案年运行成本降低 28.23%。原方案供冷季运行成本较高,主要是由于原运行方案优先采用电制冷机制冷、蓄冷,非低谷时段优先开启燃气冷热电联供系统搭配电制冷机制冷,而制冷不足开启海水源热泵系统制冷,高峰和尖峰时刻由谷电蓄冷释放冷量供冷补充。现方案优先开启海水源热泵机组,其综合性能系数高、耗电量低,能够达到节省运行成本、提高能源利用效率的效果。

目标函数选取运行成本最经济作为系统运行优化策略,分别给出供热季、供冷季典型日运行策略,其中包含最不利工况,因此,本方法能够计算对区域全年内能源系统的运行优化策略;同时,在实际工程中，对于有其他要求的能源系统，如实现旅游景区内碳排放量最低等目标，可以通过改变目标函数值，采用同样方法进行优化求解。

5.5.4　多区域能源系统协调运行优化

（1）项目介绍

某区域为多地块的区域能源系统，由于不同区域的建筑功能不同，因而其负荷特点各不相同，该区域能源站可采用"多对多"的运行分配模式，即各区域能源站之间根据负荷特点确定多个"供应区"与"需求区"。考虑"供应区"在满足近距离内的能源需求的同时，向周边"需求区"供应其富余的能量，以此项目为例寻求各区域运行成本最优化的同时，进行能量的分配传输优化，以验证该方法和模型的适用性。各地块信息及主要设备参数其见表5.6、表5.7。

各地块信息统计表　　　　　　　　　　　表 5.6

	实际建筑面积（万 m²）	冷负荷（MW）	热负荷（MW）	功能
1 号地块	111	105.05	66.35	商业
2 号地块	362	0	115.95	住宅
3 号地块	034	33.88	23.72	旅馆

云方案主要设备及其参数　　　　　　　表 5.7

	机组	制冷量（MW）	制热量（MW）	额定功率（MW）	台数
1 号地块	海水源热泵	9	9.5	2	12
2 号地块	海水源热泵	4.6	5	1.1	4
	燃气锅炉	—	10	—	8

通过上表可知，1 号地块、2 号地块机组既是能源"供应区"，又是能源"需求区"，3 号地块仅为能源"需求区"，以供热季为例，该区域能源系统热量传输如图 5.16 所示。

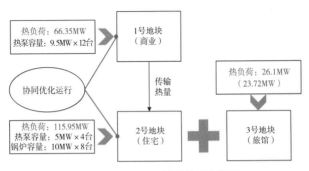

图 5.16 1～3 号地块热量传输图

根据调研，1 号地块机组与 2 号地块机组距离为 2.3km，2 号、3 号地块机组相邻，距离为 1km。因此，根据不同建筑类型和功能确定典型日负荷特性，将 2 号地块与 3 号地块的逐时热负荷依据日负荷率曲线[9]对应进行叠加，得到 1、2+3 号地块的供热季负荷如图 5.17 所示。由于 1 号地块热负荷较冷负荷小，因此供热季有闲置机组可利用，其在满足自身热负荷需求时，可作为"供应区"为周边地区供热；2 号地块为住宅区，其只存在热负荷，且负荷特性与 1 号地块不同，在其自身区域内部机组无法满足热需求时，可作为"需求区"从 1 号地块获取热量。3 号地块无机房布置，其热需求由 2 号地块机组提供，本次管网热量损失取传输热量的 10%，将 2 号、3 号地块负荷叠加进行能源协调优化运行。

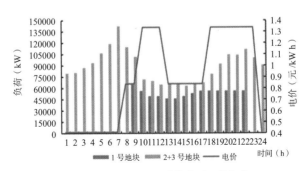

图 5.17 1、2+3 号地块典型日热负荷

（2）结果与讨论

1）组合权值

本方案中 V_1 为运行成本，反映能源系统运行的经济性；V_2 为环境代价，反映能源系统运行对环境的污染程度。分别选取低谷电、平电、高峰电三个电价的典型时刻热负荷进行权值计算。

以低谷电某时刻（03：00）为例，采用线性加权法分别对该时刻区域经济性、环保性目标函数求解 1 号地块热泵供热量、传输热量、2 号地块热泵及锅炉供热量，分别得到 1 号、2 号地块运行成本与环境代价，其原始数据矩阵为

$$Y_{\text{low}}=\begin{bmatrix} 9973 & 882 \\ 17439 & 55 \end{bmatrix}$$

分别根据式 3-15、式 3-16 计算客观权值、组合权值为

$$w''_{j,\text{low}}=（0.05,0.95）$$
$$w_{j,\text{low}}=（0.44,0.56）$$

同理，选取平电（15：00）、高峰电（22：00）典型时刻求得客观权值、组合权值为

$$\begin{cases} w''_{j,\text{medium}}=（0.05,0.95） \\ w_{j,\text{medium}}=（0.41,0.59） \end{cases}$$
$$\begin{cases} w''_{j,\text{high}}=（0.5,0.5） \\ w_{j,\text{high}}=（0.61,0.39） \end{cases}$$

上述通过综合主客观权重，确定不同时刻经济性、环保性组合权值，分析可知，运行成本、环境代价在不同电价、不同时刻所占权重基本相同。其中，环保性在低谷电、平电时占比偏大，主要是由于此时改变热泵机组、锅炉供热量时环境代价变化较大造成的；由于高电价时刻使用燃气锅炉较电动热泵更为经济、环保，因此其客观权重相等。

2）优化协调方案

①典型时刻结果

在利用组合赋权法求得的权重基础上，采用模糊集理论的最大算子法求解兼顾经济和环境两个目标分别得到不同电价典型时刻协调优化运行方案。在低谷电、平电、高峰电中共选取三个典型时刻各机组供热量及 1 号地块向 2 号地块传输的热量如表 5.8 所示。

典型时刻机组供热量　　　　　　　表 5.8

	1 号地块热泵机组供热量（kW）	1 号地块传输给 2 号地块热量（kW）	2 号地块热泵机组供热量（kW）	2 号地块锅炉供热量（kW）
低谷电（03:00）	0	0	20000	66870
平电（15:00）	49763	0	20000	42871
高峰电（22:00）	68669	11156	20000	79997

以平电（15:00）为例，将只考虑经济性、只考虑环保性、兼顾二者结果进行对比如表 5.9 所示。

某时刻运行优化方案及费用对比　　　表 5.9

	1 号地块热泵机组供热量（kW）	1 号地块传输给 2 号地块热量（kW）	2 号地块热泵机组供热量（kW）	2 号地块锅炉供热量（kW）	运行费用（元）	环境代价（元）	总费用（元）
经济性目标	70521	18871	20000	24000	18028	859	18887
环保性目标	49763	0	0	62871	20303	385	20688
经济 + 环保	49763	0	20000	42871	18860	540	19400

②不同优化目标结果

取 2 号地块从 1 号地块购买热量价格为 0.4 元/kW，由于 1 号地块负荷全部来源于区域内热泵机组，因此选取 2 号、3 号地块供热季典型日负荷在不同目标下的优化结果如图 5.18 ~ 图 5.20 所示。

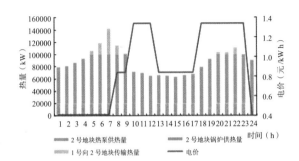

图 5.18　典型日供热量综合优化结果

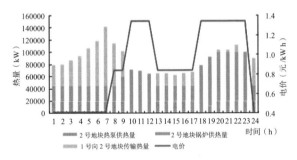

图 5.19　典型日供热量经济优化结果

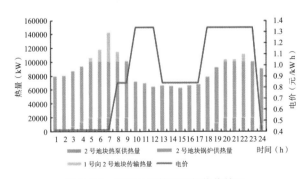

图 5.20　典型日供热量环保优化结果

分析图 5.18 ～图 5.20 可知：

a. 采用两阶段多目标优化方法进行多区域能源系统协调优化，其优化结果同时保障了经济性与环保性，除高峰电价时刻，其他时段在不同优化目标下结果均不同。高峰电价时，由上述客观权重计算可知，经济性与环保性客观权重相等，因此在两种目标条件下，优化结果相同。

b. 采用电动热泵方式更节能，经济性较好；使用清洁能源供热，环境污染更小，更环保。从单目标经济优化结果来看，尽管在长距离传输时存在一定的热量损失，但在低谷电时刻，将 1 号地块热泵制热量传输至 2 号地块的成本仍比采用燃气锅炉要低，因此可优先考虑区域之间能量的互联互通。

c. 要实现经济、环保双重优化保障，需要对区域资源进行合理配置与高效利用，该优化结果能够为进一步确定区域供热运行方案提供思路，并推动区域清洁能源及可再生能源的发展。

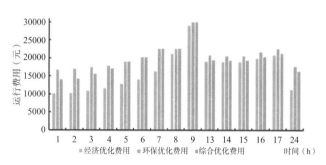

图 5.21 原方案不同优化目标运行成本

分析图 5.21 可知，选取非高峰电价时段进行运行成本对比，综合经济性与环保性目标优化后，结果处于两者独立优化目标运行成本之间，该方法能根据实际情况计算不同目标要求下的运行优化结果。

3）结果评价

以典型日 15：00 时刻各目标优化结果为例，各项费用最优值

组成最佳方案 W_0 的因素指标为

$$W_0=（18028，385）$$

根据式（3-14）计算方案灰色关联系数矩阵为

$$R=\begin{bmatrix} 1 & 1 \\ 1 & 0.45 \\ 0.89 & 1 \\ 0.96 & 0.71 \end{bmatrix}$$

采用上文计算的组合权重，根据式（3-15）计算得各方案不同指标在理想方案上的投影值见表 5.10。

各优化目标结果投影值　　　　　　　　　　表 5.10

指标 方案	运行成本	环境代价	总值
经济目标方案	0.33	0.30	0.63
环保目标方案	0.29	0.67	0.97
综合目标方案	0.31	0.48	0.79

观察上表中投影值可发现，从经济效益来看，经济目标方案＞综合目标方案＞环保目标方案；从环境效益来看，环保目标方案＞综合目标方案＞经济目标方案。该结果与软件优化结果相同，验证了上文提出的两阶段多目标优化方法的可行性与结果的准确性。

各方案的投影值为

$$D_i=（0.63，0.97，0.79），i=1，2，3$$

比较各方案投影值的大小，可得到环保目标方案＞综合目标方案＞经济目标方案。

4）讨论

综合上述结果分析可知：

①单独考虑经济目标时，电动热泵机组较燃气锅炉占优。热泵作为一种消耗部分高品位能量将低品位冷/热源所含有的能量转化为高品位能量的装置，较燃气锅炉更加节能、绿色。因此，在部分地区仅考虑其经济效益时，可结合当地可再生资源优势，优先使用可再生能源电动热泵。

②单独考虑环保性目标时，清洁能源天然气的使用能够降低污染气体排放量，从而降低环境代价。面对当今环境问题，燃气作为清洁能源进行供热，能够在一定程度上缓解能源燃烧带来的空气质量问题，加快改善生态环境。因此，加大清洁能源供热势在必行。

③综合考虑经济和环保目标时，运行成本处在单纯考虑经济性与环保性目标之间的可接受范围内。在能源与环境危机的巨大挑战下，能源系统的运行应综合考虑两方面因素，最终从多方面、多层次确定区域能源系统运行优化方案。

（3）对比分析

与不考虑能源互联互补的独立方案进行对比，传统能源系统的建立一般采用独立规划、独立运行方式进行，按冷负荷选型机组参数见表5.11，其能源系统结构如图5.22所示。

传统方案主要设备及其参数　　　　　　　　表5.11

	机组	制冷量（MW）	制热量（MW）	额定功率（MW）	台数
1号地块	海水源热泵	9	9.5	2	12
2号地块	燃气锅炉	—	10	—	12
3号地块	海水源热泵	2.8	3	0.7	12

能源云技术下的能源系统规划考虑了相邻能源站之间的能源互联互通互补，传统方案、云方案初投资明细如表5.12、表5.13所示。对比分析可知，云方案在规划阶段初投资费用较传统方案节省6.5%，共3450万元。

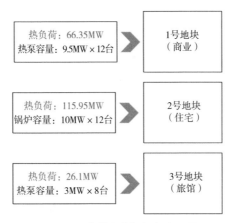

图 5.22　传统方案机组容量配置

传统方案初投资明细　　　　　　　　　　表 5.12

	名称	需求	单价	总价（万元）
1 号地块	海水源热泵系统	105MW	0.9 元 /W	9450
	前端换热器	3.4km²	70 元 /m²	23800
	机房建设费	—	—	500
	外管网系统	—	—	1500
	其他	15%	—	5288
2 号地块	燃气锅炉	116MW	—	3385
	燃气锅炉房	—	—	350
	外管网系统	—	—	1500
	其他	15%	—	785
3 号地块	海水源热泵系统	34 MW	0.9 元 /W	305
	前端换热器	0.7km²	70 元 /m²	4900
	机房建设费	—	—	350
	外管网系统	—	—	500
	其他	15%	—	900
初投资		—	—	53497

云方案初投资明细　　　　　　　表 5.13

	名称	需求	单价	总价（万元）
1 号地块	海水源热泵系统	105.05MW	0.9 元 /W	9450
	前端换热器	3.4km²	70 元 /m²	23800
	机房建设费	—	—	500
	外管网系统	—	—	1500
	其他	15%	—	5288
2 号地块	燃气锅炉	80MW	—	2333
	海水源热泵系统	20 MW	0.9 元 /W	180
	前端换热器	0.4km²	70 元 /m²	2800
	机房建设费	—	—	470
	外管网系统	—	—	2500
	其他	15%	—	1242
初投资		—	—	50047

将传统方案及云方案不同目标下的运行成本进行对比如图 5.23、表 5.14 所示，云方案综合目标优化下，每年的运行成本较传统方案降低了约 37%，共 2928.84 万元。通过分析可知，传统方案由于 2 号地块燃气锅炉容量配置的增加以及各区域能源系统独立运行，使得运行成本有所增加。因此，单纯采用天然气供暖会有较多能量与经济损失，而将天然气与电驱动热泵供暖结合使用，充分发挥各自的优势，"宜气则气、宜电则电"，能够实现能源的合理配置与环保效果。

年运行成本降低百分比　　　　　　表 5.14

优化结果	运行成本降低百分比
云方案经济目标	40.86%
云方案环保目标	33.71%
云方案综合目标	37.08%

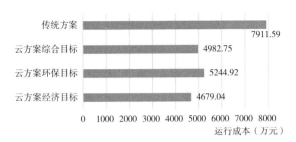

图 5.23　不同方案年运行成本对比

　　由此可见，无论从经济性还是环保性来看，能源云方法能够在面对不同负荷需求时，充分利用各地资源优势，实现热能的跨区域调度利用。随着智慧城市的发展与建设，实现可靠、高效、低碳、智能的能源供应将是下一代构建可持续发展城市的关键要求之一。能源云技术理念的推广应用，将推进未来智慧城市的发展。结合计算机智能算法建立的两阶段能源系统配置优化模型，可用于多区域能源系统运行优化方案研究，实现能源的智慧管理与运行，以适应城市智慧能源系统的发展需求。

参考文献

[1] 李旭垚. 我国可再生能源政策绩效评价研究 [D]. 华北电力大学, 2015.

[2] 李旭垚. 魏学好, 周浩. 中国火力发电行业减排污染物的环境价值标准估算 [J]. 环境科学研究, 2003, 16 (1): 53-56.

[3] 2018 年中国新能源发电行业现状及未来发展趋势分析. [OL], http://www.chyxx.com/industry/201801/605254.html.

[4] 张春伟. 灰色关联分析法在空调冷热源选择中的应用 [D]. 天津: 天津大学, 2016.

[5] 沈红. 灰色物元分析法在空调冷热源方案评选中的应用 [J]. 暖通空调, 2001, 31 (1): 32-34.

[6] 郑忠海, 付林, 狄洪发, 等. 利用层次分析法对城市供热方式的综合评价 [J]. 暖通空调, 2009, 39 (8): 96-98.

[7] 周传淞, 由世俊, 张志红, 等. 供热热源改造综合评价方法 [J]. 暖通空调, 2015, 45 (4): 52-57.

[8] Zimmermann H J. Fuzzy programming and linear programming with several objective functions, Fuzzy Sets and Systems, 1 (1978), 45-55.

[9] 刘娇娇. 华北地区某县城采暖热源方式综合评价研究 [D]. 华北电力大学, 2017.

第6章 多能互补的可靠性分析与评价

6.1 引言

可靠性评估指在使用期内没有发生故障的概率。社会经济的不断发展以及能源系统与冷、热、电负荷在物理上的直接连接，使得能源供给的可靠性越来越受重视，对能源系统的可靠性分析与评价研究具有十分重要的意义。为了适应当前能源互联网的迅速发展，丁一等从产能侧、用能侧、储能侧、转化侧四个物理层面，分析了当前涉及新能源技术的元件的可靠性及风险评估问题[1]。

可靠性评估是能源系统规划与运行的重要基础。因此，本章将可靠性概念引入能源领域，可以理解为能源系统为区域提供能量的保障程度，即供能可靠性。供能可靠性作为大型复杂能源系统的重要技术性评估指标，区域能源互联网供能可靠性分析可分成设备级可靠性和系统级可靠性两个层面[2]。鉴于此，本章在能源云技术原理的指导下，以能源供应种类为出发点，分析区域能源系统多能互补的可靠性评价的影响因素，并在此基础上研究反映区域能源系统源侧能源保障率的可靠性评价。

6.2 系统级源侧可靠性评价指标

当前，国内外学者对可靠性的评估侧重于具体某种能源系统的可靠性评估，例如，Muno J 等为了评估联合循环发电厂的最大发电量，将电力系统与燃气系统联系在一起，建立了二者联合运行的

2

可靠性模型[3];Wang J J 针对冷热电联产系统的可靠性改善问题,采用马尔科夫模型进行量化分析,通过对比发现冷热电联产供能后,可靠性各项指标均有所提高[4]。但针对能源系统源侧供能的通用可靠性评价指标与分析少有研究,李更丰等仅针对充分利用可再生能源的综合能源系统可靠性评估问题,从模型、算法及评价指标三方面对未来的研究方向进行了展望[5]。

多能互补是能源云技术原理指导下能源系统的规划与运行优化原则,区域能源系统的可靠性也体现在该原则中。可靠性作为能源系统规划与运行的必要环节,确定相应的量化指标是衡量能源系统可靠性水平的关键。系统级可靠性分析从设备侧 D(device)、供应侧两个角度出发,其中供应侧包括能源供应可靠率 S(supply)和能源价格波动 P(price)两个方面,对能源规划与运行方案进行系统级可靠性评估。

6.2.1 设备侧指标

从设备侧来看,在能源系统规划与运行过程中,设备种类、容量和数量的选取至关重要。例如,设备容量越大、数量越多,产生的初投资越大,但在同种类别设备出现故障时,可以通过开启备用机组进行补充,对系统可靠性的提高越有利;多能互补原则要求设备使用不同能源种类设备,可以在单一热源出现问题时,利用其他种类能源供应设备满足部分负荷需求。因此,本文选取装机容量比 D_i 作为设备侧可靠性的衡量标准,如式(6-1)所示,其物理意义为:区域能源系统中采用 i 能源驱动设备的装机容量占区域负荷的比重。

$$D_i = IC_i / L \ (i \geqslant 2) \tag{6-1}$$

式中　i——能源种类;

　　IC_i——i 种能源对应机组的装机容量,kW;

　　L——区域总负荷,kW。

6.2.2 供应源侧指标

（1）能源供应可靠率

我国资源丰富多样，但存在分布不均、开采困难及人均资源相对不足的问题。能源 BP 公司（Business Partner）发表的《Statistical Review of World Energy 2019》中显示，2018 年全球一次能源消费年均增长 2.9%，中国能源消费增长 4.3%。由此可见，随着人类对能源需求的持续增长和现有能源资源的日趋减少，二者之间的矛盾逐渐突出。现阶段，能源供应源侧不可靠主要是能源的生产量跟不上需求量造成的，另一方面，还与我国基础设施不完善导致的管网负载过大有关。

针对此问题，可选取能源供应可靠率 S_i 作为供应侧可靠性指标之一，其物理意义为：机组对应使用 i 能源的供应可靠程度。

（2）能源价格保障度

能源工业作为基础产业，能源成品的市场需求具有刚性特性，能源价格的波动受国家宏观调控的影响[6]。当前在开发可再生能源高效低成本、核电等技术的同时，还需注重传统化石燃料的使用。在能源系统的运行优化过程中，机组对应使用能源种类的价格波动对能源系统运行优化策略产生直接影响：当求解运行优化策略仅考虑经济性优化目标时，某种能源价格下调（上调），其对应设备的使用率将增大（减少）。

针对此问题，将能源价格波动 P_i 作为衡量供应侧可靠性的另一指标，使用 i 能源的系统价格波动保障度按式（6-2）计算。

$$P_i = 1 + v_i \ （价格下调，v_i \geqslant 0；价格上调，v_i < 0） \qquad （6\text{-}2）$$

式中 v_i——使用 i 能源的价格波动率。

6.3　可靠性评价

通过上述对设备侧与供应侧指标的确定与量化分析，定义保障度来衡量系统级可靠性，如式（6-3）所示，数值越大表示可靠性越强，其物理意义为：整个能源系统能够正常运行的保障度。

$$R_i = \sum_{i=1}^{n} D_i \cdot S_i \cdot P_i \quad (i \geqslant 1, n \text{ 为使用的能源种类总和}) \qquad (6-3)$$

为了更直观地对同一地区两种能源系统之间的保障率进行比较，定义了保障度富裕度 R'，如式（6-4）所示，其物理意义为：保障度较高的能源系统相对于另一种能源系统增加的百分比。用以进行两个能源系统之间的保障度比较。

$$R' = \frac{\max(R_i - 1) - \min(R_i - 1)}{\max(R_i - 1)} \qquad (6-4)$$

6.4　分析计算

本节以第 5 章所述 2 号地块能源系统为例，对其传统方案及云方案进行可靠性对比分析。

（1）各项指标计算

1）设备侧指标计算

依据式（6-1）计算传统方案、云方案下不同能源 D 指标，如表 6.1 所示。

云方案 D 指标

表 6.1

方案	电力	燃气
传统方案	—	1.035
云方案	0.58	0.69

2）供应侧指标计算

①能源供应可靠率

据统计[7, 8]，2013 ~ 2018 年全国供电可靠率如表 6.2 所示。分析供电可靠度 S_1 取 2013 ~ 2018 年全国供电可靠率平均值 99.953%；燃气供应的保障情况很大程度取决于对用户的用气量预测，为此，黄燕菲等采用基于小波分解的神经网络模型对天然气管道的供气量进行训练预测，得到预测用气量服从正态分布的表达式[9]。因此，分析计算中选取 $\mu+3\sigma$ 为用气量上限的可靠度 99.865% 作为燃气供应可靠度 S_2。

2013 ~ 2018 年全国供电可靠率　　　　　　表 6.2

时间	供电可靠率
2013	99.958%
2014	99.971%
2015	99.953%
2016	99.941%
2017	99.943%
2018	99.950%
平均值	99.953%

②能源价格保障度

不同时期，能源价格的波动幅度是不同的，因此，依据文件[10]，非居民用气销售价格变动幅度未达到 8% 时，销售价格不做调整，故本次计算燃气能源价格保障度 P_2 取 0.92；依据文件[11]，应一般工商业平均电价降低 10% 的要求,故本次电力价格保障度 P_1 取 1.1。

（2）保障度计算

按式（6-3）计算，2 号地块两种能源系统的可靠性保障度如表 6.3 所示。

方案可靠性保障率对比	表 6.3
	可靠性保障率
传统方案	0.95
云方案	1.28

分析上表可知，传统方案仅使用燃气锅炉，其对应的系统可靠性 R_1 为 0.95，云方案能源系统可靠性 R_2 为 1.28，较传统方案 R' 云方案下的能源系统保障度富裕度提高 25.8%。当燃气供应出现问题时，传统方案系统可靠性变为 0，而云方案可以使用海水源热泵进行补充供应，此时云方案系统可靠性保障度将至 0.614。

对比以上两种方案的可靠性可知，较传统方案采用单一能源供应设备，云方案采用了两种能源供应设备，其能源系统更可靠，能够在单一热源出现问题时，保障用户的部分能量需求。

6.5 本章小结

本章首先通过从设备侧与供应源侧两个角度出发，选取了机组装机容量占比及能源供应可靠率两个量化指标，建立了系统级源侧可靠性的评价指标；其次，给出了保障度、保障富裕度的计算方法，该方法适用于对各种区域能源系统进行可靠性评价；最后，基于实际算例分析了不同能源系统的可靠性，计算结果显示，较传统单一能源供应方案，采用两种能源供应方式的云方案可靠性提高了 25.8%。

本章建立了区域能源系统的系统级可靠性评价的计算方法，该方法能够计算不同方案的保障度，并进行两两比较，为实际工程在能源方案规划与运行策略制定提供参考，具有一定的实用价值。

参考文献

[1] 丁一，江艺宝，宋永华，等.能源互联网风险评估研究综述（一）：物理层面 [J]. 中国电机工程学报，2016，36（14）：3806-3817.

[2] 原凯，李敬如，宋毅，等.区域能源互联网综合评价技术综述与展望 [J]. 电力系统自动化，2019，43（14）：41-52+64.

[3] Muno J, Jimenezr N, Perez R J, et al. Natural gas network modeling for power systems reliability studies[C] // 2003 IEEE Bolo-gna Power Tech Conference Proceedings. Bologna, Italy：IEEE, 2013：4-8.

[4] Wang J J, Fu C, Yang K, et al. Reliability and availability analysis of redundant BCHP（building cooling, heating and power）system[J]. Energy, 2013, 61（4）：531-540.

[5] 李更丰，别朝红，王睿豪，等.综合能源系统可靠性评估的研究现状及展望 [J]. 高电压技术，2017，43（01）：114-121.

[6] 能源法征求意见稿公布 明确写入市场定价原则 [EB/OL]，http：// money.163.com/special/00252J1C/nengyuanjiagegaige.html.

[7] 中国 2017 年度供电可靠性现状分析与展望 .http：//www.sohu.com/ a/249123926_131990 .

[8] 2018 年全国地级行政区供电可靠性指标报告 [OL]，http：//www.cec. org.cn/yaowenkuaidi/2019-07-05/192367.html.

[9] 黄燕菲，吴长春，陈潜，等.基于不确定性用气量的输气管网供气可靠度计算方法 [J]. 天然气工业，2018，38（08）：126-133.

[10] 青岛市物价局转发省物价局关于建立健全天然气价格上下游联动制度的指导意见进一步加强配气价格监管的通知 [EB/OL]. http：//www.qingdao.gov.cn/n172/n24624151/n24629915/n24629929/ n24629943/180920095022214654.html.

[11] 国家发展改革委关于降低一般工商业电价的通知 [EB/OL].http：// www.ndrc.gov.cn/gzdt/201905/t20190515_936212.html.